CM은 프로젝트 성공의 전략이다

이복남 · 이현수 · 김예상 · 김한수

CM은 프로젝트 성공의 전략이다

인쇄일	2017. 4. 25
발행일	2017. 5. 04
기획	건설산업비전포럼·건설경제
발행인	최삼규
편집·인쇄인	최윤호
발행처	건설경제
소재지	서울 강남구 언주로 711, 12층(논현동, 건설회관)
전화	02)515-7320~2
홈페이지	www.cnews.co.kr
디자인·제작	(주)태산애드컴

정가 **15,000원**
ISBN 975-89-7765-978-0

프로젝트 성공의

CM은 전략이다

이복남 · 이현수 · 김예상 · 김한수

건설경제

권두언

CM(Construction Management; 건설사업관리)이 도입된 지 20년이 되었다. 그동안 양적으로는 많은 공공 및 민간프로젝트에 CM이 확산되어 CM 방식은 어느 정도 일반화되었다. 아울러 CM이 생소했던 우리 사회에서 설계/엔지니어링과 시공으로 양분되던 건설산업을 설계(엔지니어링), 시공, CM으로 확대시켜 CM이 건설산업의 한 축으로 자리매김해가고 있다. 그 결과로 발주자 그룹은 물론이고 많은 국민들이 CM의 필요성을 인지하게 되었다. 이와 같은 양적 성장에도 불구하고 질적 수준은 과거 20년 동안 정부, 학계, 업계가 많은 노력을 했음에도 불구하고 아직도 제대로 자리 잡지 못하고 오히려 퇴보하고 있다는 것이 CM의 현재를 보는 나의 시각이다.

이러한 관점에서 CM의 과거를 돌아보고 현재상태를 분석하여 향후 새로운 20년의 미래를 위해서 무엇을 해야 하며 무엇을 바꿔야 하는지 고민해 보고자 하는 것이 이 책을 기획한 의도이다.

과거는 현재의 거울이다. 현재 CM이 문제가 많다고 가정하면 우선할 일은 각 주체들의 '자기반성'이다. 업계는 업계대로, 학계는 학계대로, 발주자는 발주자대로, 정부는 정부대로 나름의 자기반성이 필요하다. CM20년의 문제점과 자기반성은 본문에서 다루지만, 각 주체가 제대로 된 역할을 해왔다고 생각할 수 없다는 것이 이 책에서의 평가이다.

과거 CM 20년의 문제점을 몇 가지 지적해보면 다음과 같다.

첫 번째는 CM이 도입과정에서 첫 단추부터 잘못되어 글로벌 스탠다드가 아닌 한국식으로 도입되었다. CM의 발상지인 미국에서는 CM제도가 민간의 필요에 의해서 자연발생적으로 탄생하고 발전되어온대 비해, 우리나라의 경우는 정부주도로 법제화를 통하여 CM을 도입하였으나 정부에서 CM을 CM과 감리를 합친 '건설사업관리'라는 한국식의 특별한 용어와 개념으로 CM을 도입하였다. CM과 감리를 합쳐서 CM(또는 건설사업관리)이라는 건설관련제도를 운영하는 것은 한국이 유일하다. 글로벌시장에서는 통상 종합건설업체가 있는 발주방식에서 발주자의 대리인인 소수의 인원으로 구성된 PM(Project Management, 또는 다수의 프로젝트의 경우는 Program Management)이 있다. CM은 종합건설업체가 없고 전문업체(Trade Contractor)가 직접시공을 하는 프로젝트에서 CM업체가 용역비(fee)를 받고 발주자의 대리인(Agency CM 또는 CM for Fee)으로서 설계단계에서부터 시공단계까지 설계업체, 전문건설업체를 관리하거나 협업을 통하여 당초에 세웠던 발주자의 건설목표인 비용(Cost), 일정(Schedule), 품질목표를 달성해주는 역할을 한다. 통상적으로 종합건설업체(General Contractor)가 있는 프로젝트에서는 소규모 PM이 존재하고 상당 부분의 Construction Management기능을 종합건설업체가 담당하며 중복기능이 있는 CM을 활용하지 않는다.

우리는 글로벌시장에서 통용되는 PM을 CM이라고 도입했으며 여기에 감리기능까지 첨가했기 때문에 용어와 개념이 혼돈되고 CM의 기능과 역할이 Global Standard와는 거리가 멀 수밖에 없었다.

아울러 Project Management나 Program Management라는 개념은 글로벌 시장에서는 일반화되어 있는데, 우리나라에서는 Project Management, Program Management라는 개념과 역할이 존재하기 힘들었다.

설상가상으로 2016년부터는 시행된 건설기술진흥법은 그나마 감리와 차별되었던 CM을 일반적인 감리와 통합하면서 감리(Construction Supervision; CS)를 모두 CM(건설사업관리)으로 인식하여 CM이 하향 평준화하는 역할을 하고 있다.

두 번째로는 CM 발주방식과 용역 대가체계이다.

현재 공공부문의 CM 발주방식은 변별력 없는 PQ(Pre-Qualification), 제안서 PT(Presentation, 제안서 발표), 외부심사위원의 심사 프로세스로 구성되어 있다. 대부분의 공공프로젝트의 입찰 프로세스를 발주청이 아닌 조달청이 대행하고 있고 투명성을 위한 위탁행정이나 발주자가 책임을 지지 않는 외부심사위원 제도가 로비나 비리의 온상이 되기도 한다.

이에 반해 선진제국에서는 CM/PM 발주시 당연히 발주자 책임으로 업체를 선정하기 때문에 비리가 들어갈 틈이 없다. 비리를 저지르거나 투명성이 지켜지지 않을 경우에는 강력한 제재가 기다리기 때문이다.

용역대가의 문제도 투입 인원은 많은데 인원을 정해놓고 같은 단가로 입찰을 하니 저가 인력을 활용하는 업체에게는 공공프로젝트가 황금어장이 되지만, 좋은 인력과 상대적으로 고가의 인력을 쓰는 업체는 공공프로젝트를 수주하는 순간부터 10~20%의 손실이 발생하는 상황이 발생하고 그나마도 우량업체는 로비나 불투명한 관행에 가로막혀 공공시장에서 경쟁력을 잃은 지가 오래이다.

민간의 경우는 업체 선정에 있어 발주자의 의지가 많이 들어가고 공공처럼 경직된 발주 제도를 운영하지 않기 때문에 우량업체의 입지가 상대적으로 양호하나 최근의 경향은 저가 덤핑이 성행하고 있어 "악화가 양화를 구축하는" 현상이 확연히 나타나고 있어 민간 CM 시장도 Red Ocean시장이 될 수 있다는 우려가 확산되고 있다.

세 번째로는 업계와 협단체, 학계의 문제점이다.

전술한 바와 같이, 많은 업체들이 싼 인력을 이용한 수주 위주 (수주 지상주의) 행태에 집착하기 때문에 우수인력을 확보하고 양성하여 건설사업의 가치를 창출하여 발주자의 건설사업 성공에 기여하면서 고객 만족을 실현하는 선순환 생태계를 실현하는 모습을 보기 힘들다. 건축 설계업체가 저가수주와 로비관행에 의해서 업계의 건전한 생태계가 붕괴되어 많은 건축가들이 좌절하고 있는데 CM업체도 이러한 전철을 답습하고 있다. 기술력을 키우고 글로벌 능력을 키우는 일에는 소홀히 하면서 많은 업체들이 악순환의 생태계를 만드는 일에 앞장서고 있다.

작년(2016년) 부터 '왜 우리나라는 벡텔 같은 기업이 없나'라는 화두를 국토교통부 장관을 중심으로 발의되어 몇몇 언론에서 논의된 적이 있었다. 하지만 이러한 발주방식, 저가수주의 악순환이 되는 생태계에서 설계, 엔지니어링, PM/CM과 같은 건설 software 업체가 성장 발전하여 글로벌 시장에서 글로벌 업체와 당당히 경쟁하는 벡텔 같은 업체의 출현을 기대하는 것은 연목구어(緣木求魚)와 같은 공허한 외침일 것이다. 이러한 악순환 생태계를 개선하기 위해서 업체를 대변할 수 있는 협단체들과 학회 등 관련단체들도 존재 이유가 의심스러울 정도로 역할이 미미하며 개혁이 요구되고 있다.

과거 CM 20년이 긍정적인 면과 부정적인 면이 상존하고 있지만 현재의 CM이라는 거울은 이와 같이 매우 우려되는 바가 크다. 그렇지만 우리는 미래 CM 20년을 향해 새로운 도전을 해야 하며, 자신의 이해관계를 떠나 힘을 합쳐 노력해야 한다. 이 책의 기획 의도가 "미래를 향한 전진"이라는 키워드(keyword)로 대변될 수 있는 이유이다.

CM의 미래를 위해서 도전하고 극복해야 할 몇 가지 과제를 제시해보고자 한다.

우선적으로 해결해야 할 과제로서 프로젝트 계획(plan), 발주(delivery), 수행(execution), 운영(operation) 전 과정이 가격 지향적이 아닌 가치 지향적 선순환 생태계를 형성해야 한다. 따라서 이와 반대되는 제도, 시스템 등은 과감히 글로벌 스텐다드에 맞춰 개혁해야 하며 가치를 창출하는 CM 공급자와 성과에 만족하는 고객이 서로 Win-Win 하는 생태계로 재창출해야 한다.

이를 위해서는 첫 번째로 CM의 개념을 명확히 하고 감리를 CM이라고 정리한 건설기술진흥법은 즉시 개정되어야 한다. 그리고 CM과 감리를 글로벌 스탠다드에 맞게 구분해서 발주해야 한다. CM과 PM(Project Management, 또는 Program Management)의 차이점과 개념을 글로벌 시각으로 분명히 구분할 필요성이 있다. 아울러 Cost Management도 CM/PM이기 때문에 선진국을 포함한 거의 모든 국가에서 Cost Management는 전문업체에 별도로 발주된다. 이에 반해 우리나라에서는 Cost 관리의 중요성이 간과되고 있고 적정 인력이 투입되지 않고 있다. 건설사업에서 가장 중요한 cost를 사업계획단계부터 설계, 발주, 시공 전 단계에서 체계적인 관리를 할 수 있는 Cost관리 인력과 선진화된 System를 구축해야 한다.

두 번째로는 변별력 없는 공공프로젝트 발주 방식을 선진화해야 한다. 선진국에서는 PM/CM업체를 선정할 때, 회사의 실적과 신뢰성, 참여 인원의 능력, 제안서 등 종합적인 평가를 통하여 프로젝트에 적정한 업체를 협상에 의해서 선정한다. 그러나 우리는 변별력이 없는 제안서,

말 잘하는 제안서 발표자, 그리고 프로젝트 성공과 실패에 책임 없는 외부심사위원에 의해서 기술 점수가 정해지고 이와 함께 가격 입찰에 의해서 업체가 정해진다. 이 과정에서 기술 점수 획득이 중요하므로 필사적인 로비가 횡횡하고 투명하지 못하는 일이 벌어지곤 한다. 따라서 발주제도를 글로벌 스탠다드에 맞게 방법과 프로세스를 개선해야 하며 부정한 일에 관여한 관계자는 처벌을 강화해야 한다. 특히 교수 등 심사위원들이 비리에 관련되었을 경우는 퇴출 수준으로 징벌을 강화해야 한다. CM/PM이야말로 투명성이 생명이기 때문이다.

세 번째는 용역대가체계의 개선이다. 현재 우리나라 용역대가체계는 인건비가 싼 업체나 글로벌 능력이 있는 고가 업체나 같은 단가를 적용하고 있다. 또한 감리 소요인원을 과다하게 책정하여 총 용역비가 과다할 정도로 많다. 또한 대부분의 인력투입이 공사 중에 투입하게 인력배분이 되어있어 CM/PM의 성과창출이 시공이전 단계인 시공 전(Pre-Construction)활동이 매우 중요한데 시공 전 활동(Pre-Construction Activities)에 약 10%의 인력만 투입하게 되어 시공 전 CM활동이 제도적으로 소홀히 다루어지고 있다. 감리위주의 CM용역체계가 구축되어있는 것이다. 적어도 30%이상 시공 전 활동에 CM 인력이 투입되는 보수체계로 바꿔야 한다.

미국 등 선진국은 용역비 대가체계가 대부분 시간 당(hourly base)이며 각 회사의 실질임금(direct cost)에 간접비 비율(multiplier)을 정해서 실제 발생하는 비용으로 정산한다. 이렇게 될 때 CM 업체가 가격 지향적이지 않고 가치지향적으로 고객의 가치를 창출할 수 있을 것이다. 아울러 악화가 양화를 구축하는 현상도 방지할 수 있다.

네 번째로 글로벌 경쟁력 문제이다. CM 20년 역사에 있어 극히 일부 업체를 제외하고 대부분의 업체는 국내에 안주하거나 아국 생산업체가 해외 진출 시 동반 진출하여 현지 공장을 짓는데 CM업무를 수행하는데 그쳤고, 외국계 순수 발주자로부터 CM을 수주한 사례가 극히 제한적이다. 대부분의 업체는 한마디로 글로벌 경쟁력을 갖고 있지 못하다. 그러한 결과는 국내에서 안주하고 글로벌 시장 도전을 소홀히 한 결과이고 글로벌 인재를 키우지 않은 결과라고 판단된다. 따라서 CM의 글로벌시장 진출과 글로벌 경쟁력을 확보하는 방안을 진지하게 준비하여야 한다.

흔히 건설프로젝트의 수준은 발주자의 거울이고 발주자의 역량을 넘지 못한다고 한다. CM/PM은 발주자의 역량을 올려주는 역할을 하고 이를 통해서 발주자의 건설프로젝트를 성공시켜주는 역할을 한다. 이를 위해서 발주자의 역할을 상당 부분 대행하고 발주자의 재산을 위탁 관리하는 CM/PM 업체는 고도의 전문성과 투명성을 가져야 양질의 인력과 시스템을 보유하고 있어야 한다. CM/PM업체는 설계자와 시공사 더 나아가 발주자를 리드 할 수 있는 리더십과 기술력을 가져야 한다. 이런 측면에서 제도의 문제점도 심각하지만 업계의 수행능력과 기술력, 인력의 글로벌화를 위해서 정부·학계·업계가 지혜를 모아야 될 때이다.

이 책은 국내 CM의 대표적인 학자인 김예상 교수, 이복남 교수, 이현수 교수, 김한수 교수께서 수요자인 발주자, 공급자인 CM기업, CM시장 그리고 CM제도에 대하여 원고를 작성해주셨다. 바쁘신 중에도 사명감을 가지고 CM발전을 위해서 좋은 원고를 집필해주신 네 분의 교수님께 깊은 감사를 드리며 이 책이 국내 CM선진화를 위해 무엇을 해야 할지 방향타를 잡는데 기여하고 CM발전의 초석이 되기를 희망한다.

다시 한번 저자들과 관련자 여러분께 감사를 드린다.

2017년 4월

(사)건설산업비전포럼 공동대표/한미글로벌(주) 회장

김 종 훈

추천사

건설사업관리(Construction managemaent : CM)제도는 건설사업 수행의 효율성 및 기술력 향상을 목적으로 도입되었다. 그리고 20년이 흘렀다. 도입 당시에는 새로운 제도가 시장에서 제대로 정착할 수 있을까에 대한 논의가 많았지만, 월드컵 경기장 시범사업을 통해 그 성과가 확인되는 등 건설산업의 발전에 많은 기여를 하면서 나름대로 정착되어 가고 있다. 근년에는 건설기술관리법이 건설기술진흥법으로 개정됨으로써 CM 성장의 기반이 더욱 튼튼해진 것으로 보인다. 하지만 앞선 나라들과의 비교나 건설산업의 선진화, 경쟁력 확보라는 차원에서 아직도 개선의 여지에 대한 지적들이 이어지고 있다. 이런 상황에서 CM 제도 도입 20주년을 맞아 이 제도의 발전을 위한 논의를 열어가는 계기가 될 책자가 발간된다는 것은 매우 고무적인 일이다.

세칭 제4차 산업혁명의 시대를 맞이하면서 건설산업도 많은 변화가 예상되고 있다. 그 변화의 중심에 CM이 있다고 생각한다. CM이 건설산업에 참여하는 다양한 주체들 간의 조정자 역할을 할 수 있기 때문이다. CM산업의 지속적 발전을 위해서는 CM의 수요자인 정부, 공급자인 기업, 그 둘이 만나는 시장, 그리고 시장형성과 운영에 영향을 주는 제도까지가 톱니바퀴처럼 긴밀하게 맞물리면서 효율적으로 또 원활하게 돌아가야 한다. 그리고 이 구조에 참여하는 모든 주체들이 자유롭게 창의성을 발휘해 나갈 수 있도록 각종 칸막이들과 걸림돌이 해체되어야 한다. 참여자들의 넓고 긴 안목과 유연한 사고가 있어야 기대할 수 있는 변화들이다.

건설산업비전포럼에서 총서로 발간하는 'CM은 프로젝트 성공의 전략이다'는 CM산업을 뛰어 넘어 건설산업 전반의 미래를 바라보고 저술한 도서이다. 건설산업의 현안을 보다 객관적으로 바라보고 그 안에서 해결책도 제시하고 있다. 건설산업에 참여하는 다양한 주체들이 이 책을 통해 건설산업 선진화에 대한 지평을 넓혀갈 수 있기를 기대한다.

CM 분야의 전문가로서 책임을 가지고 집필에 참여하신 이복남교수, 이현수교수, 김예상교수, 김한수교수와 건설산업의 선진화를 위해 끊임없이 노력하고 있는 건설산업비전포럼의 발간준비 관계자 분들에게 감사의 마음을 전한다.

2017년 4월

(사)건설산업비전포럼 공동대표/전 국토해양부장관

권 도 엽

서 문

우리나라에 건설사업관리(Construction Management: CM)가 도입된 지 어느덧 20년이 되었지만 여전히 일반 국민에게는 잘 알려져 있지 않다. 심지어 건설산업에서 조차 CM과 감리가 구분되고 있지 못한 실정이다. 학계에서 연구를 수행하고 후학을 양성하는 교육자로 지내다보니 그동안 산업발전에는 무심하지 않았나 반성하게 된다. CM 도입 20주년을 맞아 산업의 과거를 살펴보고 현재를 진단하여 미래를 예측하는 연구를 진행하면서 다시 한번 CM의 성과를 조망해 보는 계기가 되었다.

이 도서는 크게 다섯 장으로 나누어져 있다. 이 중 4개의 장은 수요자인 발주자, 공급자인 기업, 시장 그리고 제도적 측면에서 CM의 위상과 역할 변화에 관한 내용을 기술하였고, 나머지 장은 간담회를 통해 집필 당시에 하지 못했던 CM의 미래전망에 대한 종합적인 토론내용을 수록하였다.

1장은 '현명한 발주자가 CM역량을 키운다'이다. CM역량 향상에 현명한 발주자의 역할이 얼마나 중요한지 CM의 성공사례를 중심으로 기술하였다. 건설프로젝트의 발주자가 CM의 발전에 미치는 영향은 절대적이다. 그래서 발주자 니즈에 의한 CM의 탄생 배경에서부터 해외 CM 성공사례를 통해 발주자의 니즈가 어떻게 포함되어 있는지, 국내와 해외에서 CM을 바라보는 시각에는 어떠한 차이점이 있는지, 그리고 발주자의 니즈 변화가 CM발전을 어떤 방향으로 이끌 수 있는지 살펴보았다.

2장은 'CM서비스 공급자의 역량을 강화시켜라.' 이다. CM서비스 공급자의 역량을 강화하기 위한 방안을 해외 선진사례를 중심으로 여러 관점에서 분석하였다. 발주자의 역할을 대신하는 CM서비스 공급자는 20년이 지난 지금 과연 주어진 역할을 수행하기 위한 충분한 역량을 갖추고 있는지 살펴볼 필요가 있다. 만약 역량을 확보하고 있지 못하다면 그 원인은 무엇이고 어떤 역량을 개발 혹은 강화해야 할 것인지 알아보았다. CM회사들에게 산업차원, 제도적 차원 등 다양한 시각에서 분석하고 실질적으로 참고할 수 있는 전략방향을 제시하였다.

3장은 'CM시장의 글로벌 경쟁우위를 확보하라.' 이다. 국내외 CM시장의 현황과 성장과정을 분석하여 글로벌 시장진출을 위한 전략을 제시하였다. CM방식 도입 초기에는 인력과 제도의 부족으로 선진 기업이 참여하는 시장이 형성되었고 대규모 공공사업으로 한정되었다. 이후 CM의 역할과 중요성이 알려지면서 적용범위가 넓어지고 제도적인 정착을 이루었다. 20년이 지난 지금 국내 건설시장에서 차지하고 있는 CM의 위상과 중요성은 어느 정도인지, 해외 건설시장에서 기업경쟁력은 어떻게 강화해나갈 수 있는지 살펴보았다. 또한 새로운 CM시장의 창출과 글로벌 CM시장에서의 경쟁우위를 확보하기 위한 방안을 모색하였다.

4장은 'CM정책과 CM제도의 격차를 줄여야 한다.'이다. CM산업의 미래 발전과 경쟁력 향상을 위해 CM제도가 지향해야 할 올바른 방향성에 대해 논하였다. CM정책목표와 CM제도간에 존재하는 격차를 인지하고 이를 줄여나가는 것이 CM제도의 올바른 방향임을 제안하고 있다. CM산업의 발전과 경쟁력 향상을 위해 CM제도가 지향해야 할 올바른 방향을 제시할 수 있는 선택지에 대해 논하였다. 집중적인 제도 개선에 대한 논의를 위해 공공 CM에 무게를 두고 서술하였다.

그리고 5장은 "CM의 과거, 현재, 그리고 미래"에 대한 간담회 내용으로 구성되어 있다. CM 20주년을 맞아 CM의 과거와 현재를 진단하고 미래를 구상해 본다는 점에서 그 의미가 크다. 지금까지 경험한 CM의 긍정적인 면과 부정적인 면은 무엇이고 발전을 위해서는 무엇을 어떻게 변화시켜야 하는지에 대해 심도있는 토론이 이루어졌다. 저자들의 생각을 공유하면서 미처 각 장에 서술하지 못했던 내용과 CM의 성장을 위해 반드시 고민해야 할 문제들에 대해 얘기를 나누었다. 이러한 논의를 통해 도출된 문제들을 당장 해결될 수는 없지만 미래 CM의 좌표를 제시하는 소중한 담론이 될 것이다.

이 도서에서는 특별히 CM산업의 발전을 위한 설문조사를 실시하였다. 설문조사는 한국건설관리학회와 한국CM협회에서 공동으로 수행했으며 295명이 응답하였고 그 결과를 분석하였다. CM산업에 대한 설문조사 자료가 부족한 현실에서 이번 설문조사로 새로운 조사자료가 생성되었다는 점은 이번 도서발간이 가지고 있는 또 하나의 성과이다.

국내에 CM이 도입된 지 20년이 되었다는 것은 적지 않은 시간이 지났다는 것을 의미한다. 그러나 CM은 참여주체, 시장, 제도적 측면에서 여전히 자리 잡지 못하고 있는 부분이 있다. 그리고 지속가능한 미래 CM을 위해서는 개선해야 할 내용이 많다. 분명 CM제도가 제대로 적용되었더라면 선진국처럼은 아니라도 국내 건설산업의 선진화에 이바지하고 성공적인 역할을 더 많이 했을 것이라 생각한다. 그래서 오랫동안 국내 CM의 도입과 성장과정을 지켜 본 저자들에게는 더욱 아쉬움이 남는다. 이번 책자가 CM의 모든 것을 고찰하고 있지는 않지만 건설산업의 참여주체에게 CM의 근본적인 기능을 주지시키고 CM기업의 경쟁력 향상과 새로운 CM시장의 창출을 위한 시금석으로 활용되길 기대한다.

2016년 1월 다보스포럼에서 세계는 제4차 산업혁명 시대로 진입했다고 선언했다. 제4차 산업혁명의 핵심은 모든 것의 연결과 모든 것의 통합에 있다. CM이 목표하는 것과 맥을 같이 한다. 세계 건설시장의 경쟁력을 지배하는 것은 엔지니어링이나 시공 등 눈에 보이는 기술보다 전략과 전술, 기획 및 관리 등 눈에 보이지 않는 기술이다. 경쟁의 패러다임이 변한 것이다. 국내 건설도 기술을 보는 시각, 즉 기술의 지평선을 넓혀야 한다. CM이 보이지 않는 기술의 전부는 아니지만 전략을 기반으로 하는 기획 및 관리라는 것은 확실하다. 제4차 산업혁명 시대에 한국의 새로운 무기로 무장 시킬 시점이라는 판단이다.

이 책이 나오기까지 아낌없이 후원을 해주신 한미글로벌 김종훈 회장님께 깊은 감사를 드리며, CM을 주력으로 하고 있는 기업뿐 만 아니라 건설에 참여하는 모든 주체가 관심을 갖고 참고할 수 있는 도서가 되기를 바란다.

2017년 4월

서울대학교 이 복 남

서울대학교 이 현 수

성균관대학교 김 예 상

세종대학교 김 한 수

CONTENTS

CHAPTER

01

현명한 발주자가 CM 역량을 키운다

•

김예상 교수

01

현명한 발주자가 CM 역량을 키운다

우리나라에 CM 제도가 도입된 지 20년의 세월이 흘렀다. 도입 당시 건설공사의 품질 향상이라는 시대적인 요구와 함께 건설업계에 혁신을 가져다 줄 수 있는 새로운 개념으로 기대를 모았던 CM은 현재 어떤 위치에 있을까? 앞으로도 우리 건설의 경쟁력을 한 단계 업그레이드시킬 수 있는 비장의 무기로서 역할을 다 할 수 있는가? 이제 해외 건설시장에서 그 효과와 필요성이 검증된 CM이라는 전문분야가 국내에서도, 또 글로벌 시장으로 진출하고자 하는 업계에게 그만한 기대와 효과를 충족시켰는지 한번쯤 되짚어볼 때다.

CM의 발전에는 여러 가지 환경과 조건이 영향을 미치겠지만, 모든 산업활동에 있어 수요자의 니즈를 충족시키는 상품이 성공할 수 있듯이, 건설 프로젝트의 발주자가 CM의 발전에 미치는 영향은 가장 원초적이자 절대적이다. 따라서 본고에서는 발주자 니즈에 의한 CM의 탄생 배경에서부터 해외 CM 성공사례를 통해 어떠한 발주자의 니즈가 녹아 있는지를 살펴보고, 그렇다면 국내와 해외에서 CM을 바라보는 시각에 어떠한 차이점이 있는지, 또 어떠한 발주자의 니즈가, 또는 발주자의 변화가 어떻게 CM 발전을 리딩할 수 있는지 논의해 보기로 한다.

1. 왜 CM인가?

발주자의 니즈(Needs)와 발주방식의 진화

모든 건설프로젝트에서 발주자가 원하는 것은 훌륭한 디자인을 갖추고 더 빨리 더 싸게 공사를 완료하면서 최고의 품질을 확보하는 것일 게다. 이러한 바람은 예나 지금이나 다름이 없고, 돈이 많은 발주자나 부족한 발주자, 초대형 프로젝트이거나 아주 규모가 작은 프로젝트, 공공이나 민간 등, 건설공사의 유형을 불문하고 크게 다르지 않다. 이러한 바람을 달성하기 위해 고대로부터 수많은 기술들이 개발되어왔는데 그러한 여러 수단 중 하나가 바로 건설공사를 진행하는 발주체계(project delivery system)이고, 이는 발주자의 요구에 따라 진화해왔다.

발주체계란 건설공사에서 계약에 의해 참여하는 여러 주체들의 관계와 역할, 책임, 그리고 그 프로젝트를 완수해 가는데 필요한 여러 활동들을 규정하는 종합적인 틀이라 정의할 수 있다. 예를 들어, 어떤 주체들을 참여시킬 것인가, 비용지급에 대한 방법을 어떻게 정할 것인가, 각각의 주체들을 어떤 방법으로 선정할 것인가 등이 여기에 포함된다. 이 중 건설공사의 주요 참여자를 결정하는 것을 협의의 '발주방식'이라 정의할 수 있는데 이하에서는 역사적으로 발주자의 요구에 의해 어떤 '발주방식'들이 어떻게 발전해왔는가를 살펴보기로 한다.

주요 발주방식의 태동과 역사적 배경

현대 건설프로젝트에서 가장 중요하고 일반적인 주체를 살펴보면 발주자를 위시하여 설계자와 시공자를 떠올릴 수 있다. 그러나 인류가 집을 짓고 건설물을 축조하기 시작한 고대로부터 르네상스 시대에 이르기까지 설계자와 시공자의 구분은 명확하지 않았다. 특히 규모가 큰 건설공사에서는 많은 경험과 식견을 가지고 있는 '마스터 빌더(master builder)'가 전 과정을 주도했는데, 고대 이집트 조세르 왕의 계단 피라미드(Step Pyramid of Zoser, BC 2611)를 설계한 임호텝(Imhotep)이 최초의 마스터 빌더로 알려져 있다. 고대 그리스의 판테온신전(Parthenon, BC 5C)을 설계하고 시공한 이크티노스(Ictinus)와 칼리트라테스(Callicrates)나 르네상스 시대의 미켈란젤로(Micholangelo) 역시 잘 알려진 마스터 빌더이다. 초기 르네상스 시대 때에는 건축물의 시공에 관여하지 않고 설계만을 담당하는 '건축가'가 등장하게 되는데 이탈리아의 알베르티(Leone Battista Alberti)가 그 대표적인 인물로 이후 점차 설계와 시공의 전문영역이 분리되는 흐름을 발견할 수 있다.

그러다 요즘 얘기하는 '발주체계'의 개념이 등장한 시점은 산업혁명이 일어나면서 부터이다. 산업혁명으로 인해 대규모 기계생산이 가능하게 됐고 생산과정에서도 과학적, 실용적 지식들이 적용되면서 생산성은 크게 오르게 된다. 더욱이 이 시대부터는 '건설물'의 유형이 다양해지기 시작했다. 과거 대규모 건축물이라면 궁전이나 귀족들을 위한 저택이거나 종교적 시설물이 대부분이었지만, 상업 건축물이 등장하고 주거의 개념도 바뀌게 되었을 뿐만 아니라, 산업활동을 뒷받침할 수 있는 인프라시설에 대한 요구도 급증하게 됐다. 철과 유리, 콘크리트라는 새로운 건설자재의 등장으로 경험적 지식에 의해 프로젝트를 주도했던 마스터 빌더의 역할이 축소되면서 '엔지니어링'이라는 새로운 전문영역이 탄생하게 되었다. 이후 시간이 흐르면서 설계와 엔지니어링 영역은 더 분화되고 전문화되었고 시공영역은 전문 공종이라는 개념이 생기면서, 요즘 용어로 치면, 종합건설업체와 전문건설업체의 분리와 세분화가 이루어지게 되었다. 결국 이때부터 지금까지 대부분의 건설공사에서 전통적으로 사용하고 있는 '설계·시공 분리방식'이 자리 잡게 된 것이다.

고대 마스터 빌더 체제에서 설계와 시공이 분리되는 데에는 무엇보다 기술적인 혁신이 가장 큰 영향을 미쳤다. 그러나 역으로 생각하면 새로운 자재와 새로운 기술을 새로운 유형의 건설물에 가장 효과적으로 반영하길 원했던 발주자의 요구가 핵심이라 할 수 있다. 그 어느 나라도 이러한 발주체계를 법과 제도로 정해 시작하지 않았으며 다만, 이러한 체제를 규율하기 위한 법제도가 추후에 나타나기 시작한다.

역사적으로 어느 시점인가에 대한 정확한 기록은 없지만, 1970-80년대에 들어서면서 설계와 시공을 하나의 주체에게 맡겨 건설공사를 진행하는 '디자인 빌드(Design build) 방식'이 미주지역을 중심으로 활발하게 적용되기 시작한다. 사실상 디자인 빌드 방식은 이전 시대에 있었던 마스터 빌드 방식과 그 개념을 같이하나, 그 시발점은 전혀 다르다. 설계와 시공의 주체가 분리되다보니 복잡한 건설공사일수록 통합적인 관리와 조정이 어렵게 되고 발주자를 포함한 3자간의 분쟁은 막대한 시간적, 경제적 손실을 초래하는 경우가 심심치 않게 발생했다. 따라서 발주자는 설계와 시공을 한꺼번에 책임질 수 있는 주체와 계약하는 방법을 찾게 되었고 설계와 시공의 통합적인 관리기능을 전제로 이 방식이 각광받기 시작했다. 초기에 디자인 빌드 방식은 주로 반복적인 사업 형태에 사용되었지만 최근에는 발전소나 플랜트 등 고도의 기술적 설계와 엔지니어링을 요구하는 건설공사에도 많이 사용되고 있고, 시장규모로도 전래적인 방식을 제외하곤 가장 큰 규모를 차지하고 있다. 이 방식에서 변형되거나 범위를 확장시킨 개념으로 턴키(Turnkey), EPC(Engineering, Procurement & Construction), 브리징(Bridging) 방식 등이 있으며, 시작은 민간부문을 중심으로 이루어졌지만, 최근에는 공공부문에서도 일반적인 발주방식이 되었다.

디자인 빌드 방식보다 활성화된 시기는 조금 늦었다고 하나, 비슷한 무렵에 떠오른 새로운 발주방식의 하나가 바로 CM(Construction Management)이다. CM방식은 용역형태(CM for Fee)나 시공까지 책임지는 방식(CM at Risk, 국내에서는 '시공책임형 건설사업관리'라 정의)이나에 따라, 혹은 건설사업관리자가 수행하는 업무 범위에 따라 여러 가지 형태로 진화해 왔다. 다만, 혹자들은 용역형 CM은 설계나 시공을 책임지는 것이 아니라 발주자의 컨설턴트에 해당하므로 발주방식으로 보기 어렵다하기도 하고, 다양한 형태의 CM방식을 저마다 조금씩 다르게 정의하거나 다른 이름을 붙이기도 한다. 어찌 됐든, 이 모든 방식을 포괄적으로 CM방식이라 지칭할 때,[1] 그 핵심은 설계이전 단계에서부터 설계, 시공, 유지관리 단계에 이르기까지 공사의 효율적 운영을 주도하는 관리기능에 있다. 그러므로 CM의 주체와는 상관없이 기능적인 측면에서만 본다면, CM의 기능이 이집트의 피라미드(BC 2700년경)나 중국의 만리장성(BC 220년경)에서도 어떤 형태로든 존재하였으리라 믿는 사람들도 있다. 또 현대적 CM 또는 PM(Project Management)의 효시가 된 사례로는 102층의 마천루를 불과 161일에 완성한 엠파이어스테이트 빌딩(Empire State Building)을 꼽기도 한다.

발주방식 차원에서 본다면 1921년 뉴욕주에서 제정된 'Wicks 법안'[2]이 큰 영향을 미쳤다고 알려진다. 즉, 5만 달러 이상의 모든 공공공사에서 단일 원도급자를 배제하고 건축시공부분과 냉난방 및 공기조화(HVAC), 전기, 배관, 등의 4개 공종을 각기 다른 시공자에게 발주하면서(다중시공계약; multiple prime contracting) 오히려 발주자에게 비용 증가와 분쟁의 리스크가 돌아가게 되었고, 이러한 문제해결을 위해 제3의 관리자가 필요하게 된 것이다. 그러나 본격적인 발주방식으로의 CM은 이후 민간부문에서 나타나는데, 뉴욕의 '메디슨 스퀘어 가든(Madison Square Garden,1968)'과 시카고의 '죤 행콕 센터(John Hancock Center, 1969)', 덴버의 '죤 맨 빌 본부 건물(John Manville World Headquarters, 1972)' 그리고 뉴욕의 '세계무역센터(World Trade Center, 1973)' 등이 대표적인 초기 적용 사례들이다. 공사수행 전반에 걸쳐 발주자의 대행인(agent)로서 종합적이고

---

1) 이후 본고에서는 'CM'을 다양한 형태의 CM방식을 모두 포괄하는 용어로 사용하기로 한다.

2) Levy, Sidney M., "Project Management in Construction", McGraw-Hill, Inc., 1994, p. 17

전문적인 사업관리 서비스를 제공하는 CM 방식이 당시 대형 프로젝트의 출현과 효과적인 매니지먼트가 건설사업의 성패를 좌우한다는 발주자들의 인식이 맞물려 새로운 공사수행방식으로 정착된 것이다. 민간부문에서 CM이 활성화되자 공공부문에서는 미국의 연방조달청(General Services Administration; GSA)이 최초로 유사한 방식을 도입했는데, 처음에는 민간에서와 같이 다중시공계약 기반의 용역형 CM 체계를 적용했다가 후에 원도급자가 있는 상태에서 CM을 고용하는 방식으로 전환하게 된다.

여기서 주목할 만한 것은 공공이던 민간이던, CM 방식의 도입에서부터 적용방식의 변화에는 발주자의 목표와 니즈가 가장 큰 영향을 미쳤다는 것이다. 예를 들어, 패스트랙(fast-track)에 의한 공기단축이라든지, 효율적인 매니지먼트에 의한 비용 절감, 클레임과 분쟁의 사전관리 등이 발주자의 핵심적인 요구사항이었고 이에 대한 효용성이 입증되면서 특히 민간부분에서 먼저 CM이 활성화 되는 결과를 낳았다.

국내 CM 발주방식의 도입과 오늘

해외와 국내에서 여러 발주방식이 도입된 계기를 비교해보면, 해외의 경우 발주자의 필요에 의해 자연발생적으로 시장에 도입돼 시행착오를 거쳐 정착돼온 반면, 국내에서는 법과 제도로 선(先)도입되어 규정된 방식으로 운영된다는 차이점을 발견할 수 있다. CM 방식도 예외는 아니어서 1996년 12월 '건설산업기본법'이 전면 개정되면서 처음으로

'건설사업관리(CM)'의 정의와 발주체계가 제도적으로 도입되었다. 이후 1997년 '건설기술관리법'에서 공공건설공사에 적용하는 용역형 CM 방식(CM for Fee)을 중심으로 한 세부 운영규정이 수립되었고, 바야흐로 CM 시장이 형성되게 되었다. 당시 CM 적용대상 공사는,

- 설계·시공관리의 난이도가 높아 특별한 관리가 필요한 건설공사
- 발주청의 기술인력이 부족하여 원활한 공사관리가 어려운 건설공사
- 공항·철도·발전소·댐 또는 플랜트 등 대규모 복합공종의 건설공사
- 그밖에 당해 건설공사의 원활한 수행을 위해 발주 청이 필요하다고 인정하는 건설공사

등으로 규정되었고(지금도 이 규정에는 변화가 없다), '시공책임형 건설사업관리(CM at Risk)'는 2011년에야 선언적이나마 건설산업기본법에 포함되게 된다.

그 후 CM은 다시 한 번 큰 변화를 겪게 되는데 2014년 건설기술관리법을 대체한 '건설기술진흥법'이 시행되면서 공공부문에서의 시행되었던 CM외의 '감리용역'이 모두 '건설사업관리'의 범위 안에 포함되어버린 것이다. '설계감리', '시공감리', '책임감리' 등, CM의 업무영역에 포함되지만 별개의 제도로 운영되던 용역들이 하나의 틀 안에 통합되어버렸다.

이 과정에서 논의되었던 가장 큰 문제점은 기존 '책임감리'와 'CM'과의 차별성이 유지될 수 있는 가였다. 1994년 건설공사의 부실방지와 품

질 향상을 목적으로 도입된 '책임감리' 제도는 비록 시공단계에 국한되어있기는 하나, CM 도입이전에 이를 모델로 하여 만들어진 것이라 볼 수 있다. 그러나 책임감리의 목적이 공공건설공사의 발주청 공무원, 즉, 공사감독관의 업무를 대행해 '감시', '감독'의 의미가 컸다면 CM은 선제적 대응과 효율적인 관리로 프로젝트 성과를 보다 나은 방향으로 이끌어 가는데 목적이 있으므로 분명 본질적인 차이가 존재한다. 그러나 이런 차이점을 제도적으로, 또는 법적 조문으로 설명하는 데에는 한계가 있으므로 발주자가 원하는 것이 건설공사의 품질 확보(책임감리제도)인지, 아니면 효율적 관리와 성과 향상(CM)이 목적인지에 혼돈이 올 수밖에 없고 결국 '감리수준의 대가에 더 많은 업무를 요구하는 결과를 낳지 않겠는 가', 'CM의 전문성과 해외 경쟁력 향상에 오히려 역행하는 것이 아닌 가' 하는 의문이 남게 되었다. 이런 문제는 공공부문을 넘어 민간부문에도 영향을 미칠 것이 자명하므로 CM 제도와 시장이 올바로 가고 있는가에 대한 평가는 꼭 다시 한 번 짚어보아야 할 부분이다.

2.

발주자가 CM에게 원하는 것은 무엇인가?

CM 방식의 장점과 유형

미국의 Construction Management Association of America (CMAA)는 CM 방식(용역형)의 장점을 다음과 같이 설명하고 있다.[3)]

- 프로젝트 예산의 효율적인 사용
- 프로젝트 범위의 적정 관리
- 프로젝트에 적합한 발주방식의 제안
- 프로젝트 기간의 관리 및 최적화
- 설계, 시공 등 공사 참여자의 전문성 극대화
- 공사 지연, 설계변경, 클레임 등의 방지
- 설계자 선정 및 설계계약 지원
- 설계 및 시공품질 향상과 각종 계약 방법의 최적화

3) CMAA, An Owner's Guide to Construction and Program Management, 2011

이 장점들을 살펴보면, 'CM' 하면 떠오르는 일반적인 장점들, 예를 들어, 예산절감, 공기단축, 품질향상 등과는 다소 다른 측면들을 엿볼 수 있다. 즉, 발주자가 원하는 것이 무엇인가에 따라 그 니즈와 목표를 최대한 달성할 수 있도록 지원하는 CM의 기능이 이 장점들 속에 녹아있는 것이지 '예산절감', '공기단축'과 같이 직접적인 성과를 제시하고 있지 않다. 물론 CM 방식을 도입했다고 해서 무조건 이러한 장점들이 거둬지는 것은 아니다. 우선 CM 회사의 전문성과 역량이 가장 큰 관건일 것이고, 어떤 유형의 CM 계약을 채택하는지, 대금지급 방법은 무엇인지 등에 따라 그 성과는 달라질 수 있으며, 설계나 시공 등 다른 공사참여자의 역량과 그들과의 계약방법 역시 중요한 영향을 미친다. 그러나 핵심은 먼저 프로젝트 성공을 위해 발주자가 CM 방식의 필요성을 결정해야 하고, 그가 원하는 것이 무엇인지를 구체화하면 CM은 그의 전문성을 최대한 발휘해 목표를 달성할 수 있도록 업무를 수행한다는 것이다.

[건설공사 발주체계의 조합]

발주방식	입찰방식	계약방식
용역형 건설사업관리 방식 (CM for Fee)*	최고가치 입찰방식 (Best Value)	실비정산보수가산 방식 (Cost Plus Fee)
시공책임형 건설사업관리 방식 (CM at Risk)	최저가 입찰방식 (Low Bid)	최대공사비보증가격 방식 (Guaranteed Maximum Price)
설계·시공 분리발주 방식 (Design-Bid-Build)	협상 방식 (Negotiation)	총액계약 방식 (Lump Sum)
디자인빌드 방식 (Design-Build)	자격 및 기술평가 방식 (Qualification-Based; QBS)	목표가격 방식 (Target Price)
원·하도급형 분할발주 방식 (Multi-Prime)	수의계약 방식 (Sole Source)	단가계약 방식 (Unit Price)

(출처: Design Build Institute of America(DBIA), Choosing a Project Delivery Method, 2015)

* : DBIA에서는 CM for Fee 방식을 발주방식으로 보지 않으나 본고에서는 발주방식의 하나로 규정

이 과정에서 발주자가 선택하여야 할 또 한 가지 중요한 사항이 있다. 어떤 유형의 용역 형태를 선택하느냐다. 우리의 '건설사업관리'는 일반적으로 'CM'이란 단어 하나로 통용되고 있고 법에서도 일률적인 업무내용을 열거하고 있지만, 실제 해외 업체들이 제공하는 서비스는 업무의 범위와 책임한계 등에 따라 다양한 형태로 구분된다. 즉, 'Construction Management', 'Project Management', 'Program Management', 'Project Oversight Management' 등이 그것인데, 사실상 이러한 유형구분은 전 세계적으로 합의된 것이라기보다 업계에서 정의하고 있는 상품 패키지와 같은 개념이어서 업체마다 조금씩 다르게 표현되기도 한다. 그런가 하면, 선도업체들의 경우에는 이런 패키지에 포함된 기능, 예를 들어 'Claim Management'나 'Estimating/Cost Management'를 따로 떼어 별도의 컨설팅 계약에 의해 수행하기도 한다. 해외 유수 CM 업체들이 이렇게 다양한 상품을 확보하고 있는 것은 당연히 그런 기능을 필요로 하는 발주자들이 있기 때문이고, 역으로 그런 업무에서 전문성과 경쟁력을 보유하고 있기 때문이다.

결론적으로 'CM의 장점'은 '발주자'의 관점에서 본 장점이다. 부수적으로 설계자나 시공자에게 그 효과가 돌아갈 수 있겠지만, 발주자는 자신의 니즈와 프로젝트의 특성에 비추어 가장 적합한 방식이라 판단될 때 CM을 선택하는 것이고, 여러 유형의 계약방식 중 최적의 것을 선택해서 그 장점을 실현시키면 된다.

해외 사례를 통해본 발주자의 니즈

CM의 목표는 발주자의 니즈를 성공적으로 실현시키는 것이다. 그렇다면 발주자로 하여금 CM 방식을 선택하게 하는, 또는 CM업체를 프로젝트에 참여시키게 하는 그들의 니즈와 사업의 특성은 무엇일까? 여기에 답하기란 쉽지 않다. 세상에는 서로 다른 발주자가 너무나 많고 프로젝트의 특성도 너무나 다양하기 때문이다.

CM 회사도 천차만별이다. 인터넷에서 'Construction Management Company'라는 키워드로 검색해보면 여러 회사들이 모습을 드러낸다. 미국 CMAA는 CM 회사를 찾는 발주자들을 위해서 클레임 매니지먼트, 환경관련 시설, 일반 건축부문, 산업시설, 에너지 관련 시설, 도로 및 교통 관련 시설, 제조업 관련 시설 등의 카테고리에 걸쳐 적정 회사를 검색할 수 있는 메뉴를 제공하기도 한다. 그만큼 다양한 건설프로젝트를 대상으로 수많은 유형의 회사들이 존재한다는 뜻이다. 물론 이들이 모두 ENR[4]지에 나오는 CM업계 톱 랭크에 속하는 회사들은 아니고, 건설에 대한 지식이 없는 소규모 건설공사의 발주자를 위한 작은 CM 회사에서부터 글로벌 건설시장에서 활동하는 초대형 회사까지 그 스펙트럼이 매우 넓다.

발주자들이 CM기업에게 무엇을 원하는가를 좀 더 구체적으로 알아보려면 여러 CM 회사들의 대표적인 수행사례를 살펴보는 것이 한 방법

4) 미국 BNP Media가 발간하는 건설전문지로 매년 국내 및 시장에서의 설계 및 엔지니어링, 시공, 디자인빌드, CM 회사 등의 순위를 집계해 발표하고 있다. CM 분야에서는 세계 100대 CM for Fee 회사와 100대 CM at Risk 회사, 50대 Program Management 회사 등을 발표한다.

이 될 수 있다. 다만 이 책자가 지향하는 바가 국내 CM의 선진화 방향을 모색하기 위한 것이므로, 규모가 작거나 통상적인 업무를 수행하는 사례보다 그야말로 CM의 정수(精髓)를 보여주는 사례들이 적합할 것이다. 그런 의미에서 이하에서는 ENR지 순위에서 상위에 해당하는 회사들의 몇몇 대표 사례들을 살펴보기로 한다.

카타르 도하의 하마드 국제공항

- 위치 : 카타르 도하 (Qatar, Doha)
- 준공 : 2014년 1월
- 발주자 : 카타르 시
- CM : 벡텔 (Bechtel)
- 사업비 : 170억 달러

초대형 공항 프로젝트 건설은 고도의 설계 및 엔지니어링 기술과 첨단 장비에 대한 필요, 장기간에 걸친 공사기간에서 발생되는 기술적, 관리적 요소들의 변화, 시설물의 복합성과 수많은 공사 참여자들의 통합관리 등으로 인해 CM/PM, Program Management 용역이 필수적으로 적용된다.

카타르 도하의 하마드 국제공항은 2003년 계획에 착수해 2005년 착공 후 만 10년이 걸려 2014에서야 완공된 초대형 공항 프로젝트로, 미국 벡텔사가 엔지니어링과 CM/PM 업무를 수행하고(EPCM 계약: Engineering, Procurement and Construction Management) 설계는 HOK 엔지니

카타르 도하의 하마드 국제공항의 내외부 전경

어링, EPC 계약은 터키의 TAV(TAV Construction)와 일본 타이세이(Taisei Corporation)가 맡았다.

이 프로젝트는 총 공사비 160억 달러, 총 면적이 2,200헥타르를 넘고 연간 2천4백만 명의 승객과 75만 톤의 수화물을 소화하는 초대형 공항 건설 사업으로, 세계에서 가장 긴 활주로 2개(4,850m와 4,250m), 85미터 높이에 달하는 관제탑, 51만 ㎡의 승객 터미널, 그리고 최첨단 설비와 보안 시스템, 대규모 쇼핑몰과 카페, 레스토랑, 호텔, 모스크 등을 갖추고 있다. 그 면적은 도하 시의 2/3을 차지할 만큼 넓고 향후 제2 터미널이 완성되면 최대 연간 9천3백만 명의 승객을 수용할 수 있을 것으로 예상하고 있다.

초대형 공항 프로젝트가 그러하듯이 본 사업 역시 공사비 증가와 공기 지연 위험요소를 갖추고 있었다. 이 공항이 자랑하는 승객과 수화물, 항공기 수용 규모, 복합시설, 첨단시설 등은 결과적으로 그 하나하나가 사업기간 동안에는 리스크 요인이 된다. 결국 2003년 이 프로젝트가 기획될 당시 75억 달러(USD)로 책정된 사업비는 최종적으로 두 배를 넘어버렸고 전기, 통신, IT 기술들의 엄청난 발전 속도는 첨단을 지향하는 공항시설에 중대한 공기지연 요소가 되었다. 공사 측면에서 보더라도 시설물 자체의 규모와 특수성은 매우 중대한 리스크를 안고 있었다. 예를 들어, 공항부지 확보를 위한 6천2백만㎥ 규모에 달하는 매립공사와 기존 부지에 버려진 6.5백만 ㎥의 생활폐기물을 제거하는 부지 조성 공사는 공사초기부터 난공사를 예고했다. 철저한 시운전과 점검 역시 공항시설의 정상적인 운영에 결정적인 영향을 미치는데, 원래 2013년 4월 준공예정이었던 이 프로젝트는 시설안전 상의 문제로 결국 개항일이 1년 지연되는 결과를 초래하기도 했다.

이러한 대형 공항 프로젝트는 단일 시설물 건설과 비교 시 관리부분의 난이도의 중요도가 기술적 난이도에 비해 상대적으로 높다. 물론 각종 항공관제시설이나 수화물 처리 시설 등에 첨단 기술을 필수로 하지만, 관리적 측면에서 공항 내 복합시설물의 종류와 구성이 복잡하고 공항과 도시를 잇는 고속도로나 인프라 시설까지도 거대한 프로젝트의 범위에 포함돼 있어 범위가 방대하여 어느 하나 개별공사에 문제가 발생하면 전체적인 사업에 영향을 미치기 때문이다. 따라서 발주자는 이 모든 공사의 통합적 관리, 운영을 위해 전체 프로그램의 계획과 관리를 담당할 전문가를 찾게 되고 그것이 공항 프로젝트가 CP/PM, Program Management의 주요 대상이 되는 이유이다.

캐츠킬-델라웨어 자외선 살균 수질정화시설

- 위치 : 미국 뉴욕주 웨스트체스터 카운티
- 준공 : 2013년 10월
- 발주자 : 뉴욕시 환경보호국 (New York City Dept. of Environmental Protection; DEP)
- CM : CM2M Hill
- 사업비 : 19억 달러

'캐츠킬-델라웨어 자외선 살균 수질정화시설'은 동종의 시설물 중 세계 최대의 규모를 자랑하며 기술적 측면에서나 시공과정의 복잡성에서 매우 고난이도 사업이었다. 발주자는 뉴욕시 환경보호국(New York City Dept. of Environmental Protection (DEP))이고 설계는 Hazen & Sawyer/CDM Smith 조인트 벤처, 건설은 SEW Construction과 Skanska USA, ECCO III, J.F. White 조인트 벤처가 담당했으며 CM은 CH2M Hill과 Malcolm Pirnie (현재 Arcadis) 조인트 벤처가 맡았다.

이 프로젝트는 2004년 뉴욕시가 수질정화 프로세스의 현대화 사업

캐츠킬-델라웨어 자외선 살균 수질정화시설의 공사전경과 내부시설

을 착수하면서 시작되었는데, 기존 뉴욕시 상수 시스템에서 사용하던 염소 정화방식의 2차 정화 시설로 계획되어, 30~80억 달러가 소요되었던 타 방식에 비해 이 사업에서는 13억 달러를 투자해 하루 8,300,000㎥의 수량을 처리할 수 있게 되었다. 사업의 규모를 살펴보면, 총 면적이 오피스와 실험실을 포함해 16,000㎡에 달하고 56개의 UV 리액터를 갖추고 있으며, 10,000 피트 길이의 스테인리스 파이프, 직경 12인치 연장길이 5,000 피트의 유입 강관 설치, 121,000 yd^{3}의 콘크리트 타설, 1,200t 철근 배근, 피크 시 800명의 인력동원과 월 3천만 달러의 공사비 소요 등, 규모와 금액 부분 모두 동종 시설의 여러 기록을 갈아치운 사례로 평가되고 있다.

이 프로젝트의 가장 핵심 사항 중 하나는 시운전(commissioning) 과정이라 할 수 있는데, 2012년 말에 준공된 시설이 2013년 10월에야 정식 가동에 들어간 것만 보아도 그 중요성을 알 수 있다. 하지만 이 과정에서 가장 큰 문제는 첨단 시설을 갖추고 있는 시설이었음에도 지금까지 어떤 사업보다 많은 장화 용량을 처리해야 했기 때문에 물을 시설에 유입시키지 않은 상태에서는 충분한 테스트나 시운전을 수행할 수 없다는 것이었다. 따라서 프로젝트 팀은 공사과정에서부터 1년 이상 하루 24시간 주 7일 근무에 인력을 투입해서 공사과정을 면밀히 조정, 관리했을 뿐만 아니라, 완전 자동화 시스템으로 수량조절 설비를 가동할 수 있을 때까지 철저한 모니터링을 수행했다.

공사의 규모나 난이도, 테스트 및 시스템의 복잡성 등에 따라 공사과정에서 어마어마한 양의 문서가 생산되었는데 본 사업의 CM단은 이를 관리하기 위해 맞춤형 건설관리 정보시스템(Construction Management

Information System: CMIS)과 매일 매일의 현장 보고서와 데이터 관리를 지원하는 데이터베이스 소프트웨어 SOURCE를 개발해 활용했다. 특히 SOURCE는 물량 데이터를 수집하고 분석하는 소프트웨어로 시공자의 견적과 기성, 공기 및 자재 변경, EV 예측 등을 지원하는데 활용했다.

본 사업의 CM의 역할 중 또 다른 성공사례로 평가되는 것이 3D CADD(Computer-aided Design and Drafting)다. 원래 이 사업에서는 2D CADD만을 활용하도록 계획되어있었으나 CM팀의 제안으로 3D CADD로 전환, 사용했고 3D 모델을 간섭사항 체크와 4개 건설사에 대한 업무조정에 적극 활용했다. 후에 3D 모델에 공정을 결합한 4D 모델을 구축하여 전반적인 공정의 진행상황과 공정표를 시각화하였으며 공사 단계별 의사결정시 전문업체와 감리 인력에게 후속 공사를 시각적으로 이해시키는 데에도 활용하였다.

많은 CM 프로젝트가 건축공사를 중심으로 수행되는 것과 비교할 때 이 사업은 시설물의 내용과 특성 자체가 매우 독특하였다. 특히 기술적인 난이도가 높은 이런 사업에서 발전소나 플랜트 사업과 같이 턴키방식을 선택할 법도 한데 발주자가 CM 방식을 도입한 것은 그만큼 새로운 시도와 많은 리스크가 내포되어있었기 때문이다. 또 2개사 이상의 시공자(조인트 벤처 포함)가 공사에 책임을 지고 있었고 참여한 전문업체의 전문성이 매우 중요한 요소이므로, 이들을 효과적, 효율적으로 조정, 관리하는 것이 사업성공의 관건이었다. 여기에 CM이 주도한 4D CADD 활용과 정보 및 문서관리 시스템은 공공발주자가 전체 사업을 예측가능하게 하고 신뢰를 더해준 성공요인이 되었다.

뉴저지 주 교육시설 건설 (The Largest School System in New Jersey)

- 위치 : 미국 뉴욕주 웨스트체스터 카운티
- 준공 : 2013년 10월
- 발주자 : 뉴욕시 환경보호국 (New York City Dept. of Environmental Protection; DEP)
- CM : CM2M Hill
- 사업비 : 19억 달러

미국 뉴저지 주는 2000년 교육시설 건설 및 재정지원법(New Jersey Educational Facilities Construction and Financing Act)을 제정하고 다양한 교육시설에 장기적으로 86억 달러를 투자하기로 결정하면서 2008년부터 공립학교 건설에 이중 39억 달러를 지원하기 시작했다. 이 대규모 시설투자의 일환으로 뉴저지 주에서 가장 큰 교육시스템을 보유하고 있는 뉴어크(Newark) 시에 34개 학교 건물의 재건축과 30개 교의 증축 또는 개보수, 9개 교 신축 등을 포함한 '뉴어크 학구(學區)(School District)의 시설 개선 프로그램'이 착수되었다. 이 프로그램은 약 4만 명의 지역 학생들 대상으

뉴어크 공립학교 시설

로 하며, 시설별로 교실, 행정실, 식당, 도서관, 미디어 센터, 강당, 운동장, 수영장, 체육관 등이 포함되어있고 각 시설별 특수성에 따라 특별한 관리가 요구되는 공사도 포함되어있었다. 그 한 예가 '사이언스 파크 고등학교(Science Park High School: SPHS)이다. 이 학교는 뉴어크 지역에서 40년 만에 신축되는 최초의 고등학교였는데, 이 지역의 마그넷 스쿨(magnet school, 다른 지역 학생들을 유치하기 위해 일부 교과목에 대해 특수반을 운영하는 대도시 학교)로서 시설구성이나 교육과정 측면에서 주변의 대학이나 연구기관과 연계될 수 있도록 계획되었고, 첨단시설들을 설치해야 했다.

이 용역의 발주처는 'New Jersey Schools Development Authority (SDA)'로, 파슨스는 이 발주처가 추진하는 보건 및 생명안전 프로젝트, 시설물 증축, 개보수 및 리모델링, 신축 공사의 설계와 시공 모든 단계를 감독(oversee)하는 책임을 맡았고, 특히 설계관리와 프로젝트관리가 핵심이었다. 그 외에도 발주자를 지원하기 위해 파슨스가 제공한 서비스는 다음과 같다.

- 5개년 마스터 플랜 전반에 대한 자문
- 프로젝트 예산 검토 및 관리
- 구매조달 발주방식에 따른 사업비 실시간 관리
- 신축 교사(校舍) 부지 매입에 대한 지원 및 조정
- 사업계획, 예산 산정, 마스터 스케줄 작성, 각종 보고서 관리 및 정보관리 시스템 운영
- 설계관리, 건설관리, 구매관리, 교구 스태프와의 협업 및 현장 대리인 업무 수행

파슨스가 이 사업에 서비스를 제공하면서 수립한 목표와 기준은 단순한 품질 확보의 개념을 뛰어넘었다. 즉, 해당 프로그램과 시설은 건강하고 생산적인 교육활동이 가능한 것이어야 하고, 공사비의 효과적인 관리는 물론 유지관리 비용 측면에서 효율적인 시설이 되어야 했다. 또한 교육적인 차원에서 고품질의 교육과 수학이 이루어질 수 있는 시설, 환경영향을 최소화하는 한편, 무해하고 지속가능한 시설(전 시설 LEED 인증 대상), 또 교육시설로서 뿐만 아니라 커뮤니티의 핵심적 기능을 수행할 수 있는 시설이 되도록 목표를 설정하였다.

이러한 목표 달성을 위해 설계단계에서는 설계와 엔지니어링에 대한 리더십을 강화하고 시공단계에서는 자체 개발한 프로젝트 관리 소프트웨어 IMPACT를 활용해 시공자들의 공정과 공사비를 관리했으며, 도시 밀도가 높은 뉴어크의 특성에 따라 철저한 공사감독과 관리, 사업 과정에서 지역 커뮤니티의 참여 활성화 등으로 이 프로젝트를 성공으로 이끌었다. 또한 파슨스는 40년 이상 여러 사업을 통해 발주기관을 잘 이해하고 있었으므로 그들의 니즈를 충족시킬 수 있는 혁신적인 해결방안을 적시적기에 제시할 수 있었다.

이 프로그램에 포함된 총 73개 시설 각각의 면모를 살펴보면 설계나 시공 자체에 특별히 하이테크 기술이 요구된다고 볼 수는 없다. 그러나 건설해야 할 시설 개수가 많고 지역적으로 흩어져 있으므로 통합관리가 프로젝트 성공에 필수적이었다. 또 공공사업이기 때문에 유발되는 예산의 제약성, 학교시설이라는 특수성에 인한 적기시공, 게다가 교육의 내용과 질이 담보되어야 한다는 사업의 궁극적인 목표 때문에 건설을 전문적으로 다뤄보지 않은 발주자 입장에서는 사업관리자의 역할이 필수적이었다.

메르테스 예술 센터 (Mertes Center for the Arts)

- 위치 : 미국 캘리포니아 리버모어 시
- 준공 : 2010년 9월
- 발주자 : 라스포지타스 커뮤니티 칼리지 (Las Positas Community College District)
- CM : 파슨스 브링커호프 (WSP Parsons Brinckerhoff)
- 사업비 : 4천만 달러

이 아트센터는 미국 캘리포니아 주 라스포지타스 대학(Las Positas Community College)의 창립 멤버 중 한 명인 바바라 메르테스 박사의 이름을 따서 세워진 복합시설물로, 5,100㎡의 면적에 500석의 극장, 150석 소극장, 1,500석 야외계단식 공연장, 미술관, 공연 지원시설과 리허설 공연장, 강의실, 주차시설 등을 갖추고 있다.

공연장만 놓고 보면 규모가 그리 큰 편이 아니지만, 이 프로젝트는 다수의 복합적인 용도의 시설들이 포함되어있고 계획 당시부터 다양한 관계자들의 니즈와 의견을 수렴해야 하는 복잡한 성격을 띠고 있었다. 교수, 학생, 교직원들은 물론이고 대학의 유지관리, IT, 보안 관련 부처와 리버모어 시(City of Livermore)의 수도국과 소방국, 캘리포니아 주 건축부(Division of the State Architect), 캠퍼스 인근주민 등이 관여하고 있었고, 80여개의 전문업체와 공사 피크 시에는 약 200여명의 노무자들이 몰려들어 이에 대한 종합적인 관리가 필요했다.

이 시설은 2010년 가을학기가 시작되기 전까지 완공되어야 했는데, 캠퍼스 내에는 다른 프로젝트들과 캠퍼스 개선 프로그램이 진행 중이

메르테스 예술 센터의 실내 극장과 야외 공연장

어서 이를 연계한 효율적인 관리가 필요했다. 예를 들어, 순환수 파이프 배관을 깨끗이 청소해서 새로 건설된 중앙냉난방 시설에 연결하는 공사가 병행되어야 했고, 소방경보 장치와 보안 카메라, 주차시설의 비상전화, 태양광 주차티켓 장치 등, 규모는 작지만 세심한 관리와 테스트가 요구되는 작업들이 많았다.

무엇보다 이 프로젝트에서 주목할 만한 것은 수많은 관계자들의 요구를 효과적으로 조정한 CM의 리더십이다. 이처럼 프로젝트에 관여하고 있는 사람이 많을 때는 각자의 요구에 따라 공사비가 늘어나는 결과가 흔히 발생되는데, 대학 당국의 방침은 그들의 산발적인 요구보다 장기적인 관점에서 대학시설 전체 프로그램에 이득이 되는 방향으로 예산을 사용하자는 것이었다. 계획 단계에서부터 지속가능한 설계에 비중을 두고 화이트루프를 사용한 에너지 절약, 물이용 효율개선, 개별 냉난방, 재활용 자재 사용 등을 통해 LEED 실버 인증을 받은 것이 장기적 사업 방향의 대표적인 사례라 할 수 있다.

그러나 사업 진행과정에서 사용자 그룹은 종종 자신들의 요구를 반영하려는 이기주의적인 태도를 보였고 설계자는 사용자 그룹에 편승해 설계에 더 많은 것들을 반영하려 했으며, 유지관리 관계자는 설계단계에 관여하지 않았음에도 애초 설계에 포함되지 않았던 기능적인 요소들을 추가하기를 원했다. 따라서 파슨스 브링커호프 CM 팀은 사용자들 간에 신뢰를 구축하고 설계팀과 시공팀을 주도적으로 이끌어가는 것이 가장 중요한 성공요인이라 보고 적극적인 리더십을 발휘했다. 그 결과 설계변경을 최소화하고 의사결정 프로세스를 최대한 원활하게 하는데 집중했으며, 결과적으로 총 사업비 4천만 달러의 이 프로젝트를 공기지연 없이 마칠 수 있었다.

워싱턴 기념탑 보수 공사 (Washington Monument Earthquake Repair)

- 위치 : 워싱턴 DC
- 준공 : 2014년 5월
- 발주자 : 미국 국립공원청 (U.S. National Park Service)
- CM : 힐 인터내셔널 / 루이스 버거 그룹 조인트 벤처
  (Hilll International / Louis Berger Group JV)
- 사업비 : 11.3백만 달러

미국 초대 대통령 조지 워싱턴의 위업을 기념하기 위해 건립된 워싱턴 기념탑은 백악관, 국회의사당과 함께 워싱턴 D.C.를 상징하는 대표적인 건축물이다. 1884년에 세워진 이 탑은 현존하는 최고 높이의 조적식 탑으로 전망대와 박물관 등을 갖추고 있어 매년 60만명의 관광객이 방문하는 명소이기도 하다.

워싱턴 기념탑 보수 공사 전경

이 기념탑은 2011년 워싱턴 D.C. 남서부에서 발생한 5.8 규모의 지진으로 균열과 깨짐, 변형이 발생하는 등 심각한 손상을 입었고 미국 국립공원관리청(U.S. National Park Service)은 총 2년 반의 공사기간에 걸쳐 이를 보수 보강하기 위한 공사를 진행하게 되었다. 그런데 문제는 170m에 달하는 이 탑의 상부 15m 부분부터 피해가 발생해 공사가 매우 위험하고 전문적인 기술을 요한다는 것이었다. 또 이 탑이 갖는 상징성 때문에 빠른 복구는 물론이고 수리를 위한 비계 설치에도 최대한 미적인 요소를 고려해야 했다. 공사일정은 2013년 대통령 취임식을 포함해 여러 공공 행사를 고려해야 했으므로 공기가 매우 촉박했고(2014년 5월 준공) 예산은 넉넉지 않은 반면(1,130만 달러) 최상의 품질이 요구되었으며 발주자인 국립공원관리청 외에도 국립몰기념공원(National Mall and Memorial Parks), 공원경찰(United States Park Police), 미 정보기관 등 다양한 관계자들이 엮여있는 복잡한 사업구도를 가지고 있었다.

이 사업에 CM으로 참여한 Hilll International과 Louis Berger Group 조인트벤처의 역할은 보수공사의 기술적인 문제뿐만 아니라 설계자, 시공자, 그리고 수많은 관계자들 사이에서 장시간을 요하는 자재

운반과 까다로운 검사 절차를 실시간으로 조정, 관리하고 국가적 행사와 관련된 보안문제를 해결하는 것이었다. CM팀은 설계자와 시공자, 그리고 여러 관계기관과 현장에서 실시간으로 업무를 조정해야 했고 특히, 긴 시간이 걸리는 자재조달의 경우, 사전통지와 보안조치, 그리고 경찰견까지 동원한 검색활동에 많은 공을 들여야 했다. 그런가 하면, 대통령이 차량으로 이동할 때는 공사 가설시설물들을 일시적으로 철거하고 다시 재설치하는 등, 번거로운 작업들이 계속됐고, 이런 일들은 CM 인력이 주7일, 하루 24시간 상주해야만 해결할 수 있는 일이었다.

공사 중에는 공사품질을 위해 CM팀과 석공사 전문가들이 투입되어 직접 비계 위에서 품질검사를 실시했고, 고소에서 작업이 진행되는 만큼 작업자의 안전을 최우선으로 고려하여 검측과 품질관리 업무에 만전을 기했다.

공사계획과 공정관리는 상층부 관람 공간에 초점을 두어 재개관 전에 전시실 공사를 먼저 마무리 할 수 있도록 우선 진행했고, 마침내 준공일을 8일 앞당겨 전체 공사를 완료할 수 있었다.

이 프로젝트의 경우 업무 자체는 지진으로 손상된 기념탑을 보수, 보강하는 매우 단순한 것이었다. 물론 기념탑의 높이와 형상 때문에 작업에 대한 전문적인 관리가 필요했지만, 이 사업의 복잡성은 기술 외적인 부분에 더 무게를 두고 있다. 즉, 다양한 관계자들 요구사항에 대한 통합적 관리와 돌발 상황에 대한 기민하고 적극적인 대처가 프로젝트 성공의 관건이었고, CM의 역할과 필요성에 대한 또 다른 측면을 발견할 수 있는 사례였다.

CM 사례가 주는 시사점

위의 사례들은 모두 공공 프로젝트들로 국내 공공 CM 사업들과는 사뭇 다른 면모를 보이고 있다. 국내 공공 CM은 주로 건축공사에, 그것도 청사나 공공기관의 사옥에 치우쳐 있는 반면, 이 사례들은 인위적으로 선별한 것이기는 하지만, 사업유형이나 규모, 업무 범위 등에 있어 서로 달라, CM의 적용대상과 업무가 공공 프로젝트에서도 다양하게 나타날 수 있음을 보여주는 좋은 사례이다.

그렇다면 이 프로젝트들의 공통점은 무엇일까? 처음 소개한 두 프로젝트, 즉 하마드 국제공항이나 캐츠킬-델라웨어 수질정화시설은 하이테크 시설에 해당되지만, 나머지 세 프로젝트들은 상대적으로 고난도 기술을 요하지는 않는 사업들이다. 공사비 규모도 100배 이상 차이가 나기도 한다. 이렇게 전혀 다른 프로필의 프로젝트들이지만, 공통점은 매니지먼트 차원에서의 난이도가 높다는 것이다.

대표적인 예가 워싱턴 기념탑 보수 공사인데, 다섯 가지 사례들 중에는 공사비 규모가 가장 작고, 작업자의 안전문제가 남다를 순 있겠지만 기술적 난이도 역시 가장 낮은 프로젝트이다. 그럼에도 불구하고 내용적으로 보면 워싱턴 기념탑의 지리적 위치나 관련 기관들, 관광지라는 특수성과 정치적 일정까지 발주자가 해결해야할 수많은 문제가 얽혀 있음을 알 수 있다. 이런 문제를 해결할 수 있는 것이 바로 CM의 매니지먼트 역량이었던 것이다.

그런데 이런 공통점보다 더 중요한 것은, 발주자들이 각각의 프로젝트에 그러한 역량이 필수적임을 인식하고 CM에게 그 일을 맡겼다는 점이다. 워싱턴 기념탑만 하더라도, 국내 발주자라면 CM을 활용할 생각을 했을까? 전문적인 관리기능의 중요성을 사전에 인식할 수 있었을까? 이 사례이 경우, 단순한 보수공사라 치부하고 공사 그 자체에만 신경을 썼더라면, 수많은 관계자간의 이해관계 충돌과 사업지연을 막을 수 없었을 것이다. 다시 말해, 위의 사례들은 발주자 스스로가 CM이 왜 필요하고, 어떤 역할을 해줄지를 정확이 이해하고 있다면 CM 방식의 장점이 그대로 실현될 수 있다는 사실을 실증적으로 보여주고 있다.

3.

전문가들이 바라본 CM 발주자

CM 전문가 인터뷰

우리의 CM을 발전시키기 위해서는 발주자와 CM, 그리고 CM이 적용되는 프로젝트에 참여하는 설계자나 시공자 등, 모든 참여자의 변화가 필요하다. 거기에 제도적인 변화도 필수적이다. 즉, CM의 발전은 어느 한 주체의 변화만으로 이루어지는 것이 아니고, 건설산업의 환경과 생산체계의 총체적인 변화를 필요로 한다. 본고에서는 그 중에서도 발주자 측면의 문제를 다루고 있는데, 그렇다면 그들은 CM을 어떤 시각에서 바라보고 있고, 어떤 경우에, 또는 어떻게 CM을 그들의 사업에 적용시키고 있으며, CM으로부터 무엇을 원하는가를 분석해볼 필요가 있다.

그런 관점에서 국내외 CM 전문가 3인을 만나 그들이 경험한 CM 발주자에 관한 얘기를 들어봤다. 그들의 의견이 모든 CM 관계자들의 일치된 견해라고 볼 수는 없지만, 또 세심한 부분까지 파고들어간 인터뷰는 아니었지만, 오랜 경험을 통해 그들이 느낀 CM 발주자의 모습을 그

려보고 시사점을 찾아내는 데에는 부족함이 없었다.

인터뷰에 초대된 첫 번째 전문가(A1)는 설계 15년, 시공 3년, CM 10년 등 총 28년간 건설 프로젝트의 전 과정에 걸쳐 다양한 경험과 역량을 갖추고 있었다. 특히 CM분야에 종사한 이후 주로 국내 건설현장의 CM 사업단장으로 활동한 경험이 있어 국내 발주자들의 성향과 장단점 등을 누구보다 잘 이해하고 있는 전문가이다.

두 번째 전문가(A2) 역시 총 28년의 경력을 자랑하는 베테랑으로 시공 13년, 그리고 CM회사에서 15년 근무했다. 이 중 약 10년간은 해외 프로젝트 CM업무 실무자로서, 최근에는 해외 CM 사업단장으로 활동한 경험이 있어서 국내 전문가의 입장에서 해외 CM, 그리고 해외 발주자에 대한 비교와 평가를 할 수 있는 최적의 전문가이다.

마지막 인터뷰 대상자(A3)는 미국의 Bechtel, URS(현재 AECOM), CH2M Hill사 등, 글로벌 건설회사, CM회사에서 20년 이상 근무한 경력이 있는 전문가이다. 특히 미국 본토에서는 학교, 병원, 하이테크 등 민간 프로젝트와 대형 공공 프로젝트를 두루 경험한 바 있고, 국내 대형 PM사업에도 참여한 경험이 있어서 해외와 국내 CM 사업과 발주자의 차이점을 명쾌하게 설명해주었다.

이하는 그들과 나눈 인터뷰의 주요 내용이다.

Q 국내 건설시장에서 CM이 도입된 지 20년이 흐른 현 시점에서, CM에 대한 발주자들의 인식은 어떠한가? 발주자들이 CM에게 바라는 것은 무엇인가?

A1 제도가 도입된 초창기에는 CM이 어떤 역할을 하는지 모르는 발주처가 많았는데, 요즘은 CM이라고 하면 그 역할을 이해하는 수준까지는 올라왔다고 본다. 다만, CM으로부터 무엇을 원하는지, 어떤 일을 해결해주길 원하는 지는 민간과 공공부분에 차이가 있다. 그것은 발주자가 추구하는 목표에 근본적인 차이가 있기 때문이라 생각된다.

먼저 공공사업의 경우, CM이 발주자 인력이 할 수 없는 일들을 해주기 바라는 것은 물론이지만, 프로젝트의 성공보다는 본인들의 책임회피나 감사에 대한 대응을 더 우선시한다는 느낌을 받을 때가 많다. 공무원 입장에서는 상부의 지시사항이나 정해진 대로 하자 없이 사업을 완수하는 것이 목표이다. 그러다보니 비용절감보다는 공사비가 증액되지 않도록 하는 것이 관건이고, 공기단축보다는 공기지연을 막는 것이 중요하다. 그래서 종종 CM과 공공발주자 사이에 갈등이 빚어지기도 한다. CM이 무리하게 시공사를 관리하는 일이 발생하고, 정당한 설계변경에도 공사비 증액 때문에 발주자가 승인을 안 해주면 CM의 입장이 난처해진다. 이런 갈등이 심해져서 CM단장이 교체되는 일도 가끔 일어난다.

CM은 사업관리라는 전문적인 업무를 수행하는 조직인데, 발주자에게 건설조직이 없는 경우, 아이러니하게도 전문적인 업무보다, 있는 일 없는 일 자기네들에게 필요한 모든 서비스를 다해주길 바라는 사례도 많다. 결국 CM 본연의 업무에는 효율성이 떨어질 수밖에 없다.

반면, 민간부문의 경우에는 CM의 중요성이나 필요성에 대한 인식이 많이 다르다. 민간 발주자는 사업의 성공에 초점이 맞춰져 있어서 주어진 예산에 공기, 품질을 만족시키는 것이 절대적인 목표이다. 그 역할을 CM이 담당해주길 바라고, 내가 경험한 대형 민간사업에서는 대부분 CM을 이해하시는 분들, CM 전문가가 꼭 필요하다고 생각하는 분들과 함께 일할 수 있어서 좋은 성과를 낼 수 있었다. 하지만 민간발주자의 성향과 내부 건설관리 조직은 매우 다양하기 때문에 그 안에서 분명 좋은 점과 나쁜 점이 존재한다.

이때 제일 중요한 것이 발주자 조직과 CM 조직이 각각 어떤 일을 맡아 수행하느냐이다. 이들 간의 할 일이 비교적 잘 구분되어있으면 CM 업무는 정해진 업무 영역에 따라 설계, 시공 단계에 초점을 맞춰 진행되고, 발주자 조직의 구성원들은 주로 PM역할을 하게 된다. 그러면서 서로에 대한 갈등이 조금씩 좁혀지고, 시너지가 커지는 효과를 얻을 수 있다.

반면, 민간 발주자에게 사업관리 조직이 있으면서 그들의 역할과 CM의 역할이 겹치게 되면 오히려 CM을 꺼려하는 상황이 발생하기도 한다. 본인들은 전문적이지 않지만 CM이 들어와서 자기네들이 할 일을 다 해버리면 오너 입장에서 이 조직이 필요하지 않다는 인상을 줄까봐 우려하는 것이다. 또 CM이 발주자의 대리인 역할을 해야 하기 때문에 발주자 인력은 최소한만 있어도 되는데도 CM인력보다 더 많은 발주자 인력이 현장에 상주하는 경우도 있다. 이럴 때면 그들의 역할이 CM과 거의 겹쳐서 업무가 힘들어진다. CM에 대한 또 다른 관리자 입장을 취하거나 심지어 본인들의 실적 때문에 CM을 배제하는 일도 생긴다. 반대로 발주자 측 인력이 아예 보이지 않는 현장도 있는데 이럴 경우 당연히 CM 업무가 수월해지고, 발주자가 CM을 신뢰하고 있다는 느낌을 받는다.

Q 전반적으로 보면 국내 민간발주자가 공공부문보다 CM의 전문성에 대한 니즈가 더 크다는 얘기인데, 그럼에도 불구하고 가격경쟁 때문에 CM 용역의 품질이 떨어지지는 않는가?

A1 국내 건설시장이 포화상태다보니 CM 시장에서도 종종 과당경쟁으로 출혈이 발생하는 것이 현실이고 안타까운 문제다. 용역비가 낮아지면 그만큼 능력 있는 인력을 투입시키지 못하니 품질은 떨어질 수밖에 없다. 그나마 민간시장에서 다행스러운 것은 상대적으로 용역비에 대한 가치를 인정하여 반영하는 경우가 많다는 것이다. 즉, 용역비 범위 내에서 투입인력을 자유롭게 활용할 수 있도록 허용해 주고 사람 수보다는 투입인력의 능력을 중요시한다. 그렇게 되면 같은 용역비에서도 양보다 질로 승부할 수 있다.

반면 공공의 경우에는 맨·먼스(man-month)가 정해져서 나오기 때문에 인력투입 규모는 경직되어있고, 그러다보니 투입인력의 단가를 낮추어 경쟁하는 문제가 발생한다. 결과적으로 실제 불필요한 인력을 투입하거나 단가가 낮은 저급인력을 투입하게 되는데, 그러면 CM의 질은 떨어질 수밖에 없다.

A2 국내 공공부문에서 용역비의 경직성을 논하자면, 내 경우 해외에서 전혀 상반되는 경험을 해본 적이 있다. 싱가포르 현장에 있을 때, 현장은 Architect CM 방식, 우리식으로 표현하면 '건축사사무소가 설계와 CM업무를 수행'하는 프로젝트에 참여한 적이 있다. 싱가포르는 영국식 제도를 받아들였다고 볼 수 있는데 건축사에 많은 권한을 주고, 시

공현장에는 발주처를 대리한 최소한의 인력으로 CM 단장 1명과 검측원으로 건축 2명, 기계 1명, 전기 1명이 상주했다. 현장에서 발생하는 엔지니어링적인 문제는 매주 열리는 현장회의에서 해결하는데, 여기에는 발주처, 건축사, 보조건축사, QS(Quantity Surveyor), 디자이너, 구조, 기계전기 담당자, CM 단장과 시공사 현장소장, 공종별 담당자가 참석하고, 필요에 따라 참석자의 범위를 조절해 진행했다. 특이한 점은 CM이 아닌 QS 인력이 계약과 원가, 클레임 업무를 전담하고 있었으며, 현장 검측원은 기술자가 아닌 택시 운전자가 아르바이트로 참여할 정도로 단순한 작업을 수행하고 있었다. 어떤 사람의 역할이 중요하고 중요하지 않은지, 그들이 프로젝트에 어떻게 참여해야 하는지는 바로 용역비와 직결되는 문제이고 비용의 효율적 운영을 의미한다.

나라마다 차이가 있겠고, 제시한 사례는 CM이라기보다는 규모가 작은 감리 현장이었지만, 우리 시스템과는 많은 차이가 있었다. 우리는 법적인 규제 때문 엔지니어가 너무 많이 투입되고 정작 실제 현장에서 필요한 검측원은 상대적으로 부족한 경우가 발생한다. 프로젝트의 특성에 따라 어떤 인력이 얼마나 투입되어야 하는지 효율적인 운영방식이 필요한데, 국내외 법과 제도는 그런 전에서 매우 경직되어있다.

Q 국내 상황이 그렇다면 해외와 비교할 때 CM전문성에 대한 발주자의 니즈와 인식에는 어떤 차이점이 있는가?

A1 발주자가 CM의 전문성을 어떻게 생각하는가를 논하기 이전에 국내 건설산업에서는 근본적인 문제가 있다. 특히 공공부문은 전문성보

다는 자격요건을 따진다. 투입 기술자의 분류가 특급, 고급, 중급, 초급 등으로 나누어지다 보니 전문성이나 업무능력에 상관없이 건축, 토목 분야 근무 연수가 그 사람의 능력이 된다. 결과적으로 CM의 전문성을 만들어갈 기반자체가 형성되어 있지 않다.

전문성에 대한 니즈의 경우 국내 공공부문에서는 앞서 언급한 것처럼, 프로젝트 성공보다는 내부 보고와 추후 감사에 대비한 서류작업이 중요하므로 전문성은 큰 관심거리가 되지 못한다. 반면, 민간 쪽은 회사의 특화분야나 전문성까지 따지지는 않지만, 투입 인력의 능력을 중요시해서 경력을 보고 인터뷰를 한다든지 하는 방법으로 실제 일할 사람을 선별하는 경우가 많다.

A2 CM 회사의 전문성을 얘기하자면 마카오의 대형 리조트 프로젝트에 참여했던 경험이 좋은 사례가 될 것 같다. 이 사업에서 우리 회사는 발주자의 CM으로 참여한 것이 아니라 투자자의 컨설턴트로 활동했는데 투자자의 입장에서 투자금이 제대로 쓰이고 있는 지를 확인하는 업무를 수행했다. CM이 수행하는 '원가관리' 부분을 따로 떼어 수행한 셈이고 CM 회사의 전문 역량이 하나의 상품이 된 것이다. 즉, CM 업무의 기본 영역인 공정관리나 원가관리, 또는 계약·클레임 관리 등에 있어 각 분야의 전문성만 확보된다면 이런 대형 사업에 한정된 분야에 특화된 컨설턴트로 참여할 수 있는 기회가 있음을 보여주는 사례였다. 실제 외국 회사들은 대형 사업에 CM으로 참여하기도 하지만 클라이언트의 요구에 따라 전문적인 컨설턴트로 업무를 수행하기도 하는데, 우리 업체들이 해외에 진출하려면 반드시 고려해야 할 점이다.

또 다른 예를 들어보면, 해외에서는 앞서 얘기한 'QS' 라는 전문직종이 있지만 우리나라에는 없다. 결국 이 부분에 대한 전문성이 떨어지고, 특히 원가부분에 대한 클레임에 엄청나게 노출되어 있는 상황이다. 발주자가 이런 전문영역이 필요하다면 당연히 그에 대한 전문가를 고용을 해야겠지만, 국내는 법적으로 틀을 잡아놨기 때문에 그 필요성조차 인식되고 있지 못한 실정이다. 경제적인 측면에서도 해외에서는 같은 돈을 쓰더라도 꼭 필요한 곳에 쓸 수 있는 환경이 만들어져있지만, 국내에서는 제도적인 틀 때문에 불필요한 비용이 발생하고 막상 필요한 것에는 돈이 없기 때문에 쓰지 못하는 상황이다.

Q 세부적인 전문성에서도 차이가 있겠지만, 해외에선 PM, Program Management 등 다양한 형태의 용역이 존재한다. CM이란 용어 하나로 통용되고 있는 국내 상황과 비교하면 큰 차이가 있을 것 같은데, 해외 발주자는 이런 다양한 용역형태를 어떻게 운영하고 있나?

A2 해외 대형 프로젝트에서는 기본적으로 CM이라는 용어보다는 PM이 더 이슈하고, PM을 먼저 고용하거나 발주자가 PM 조직을 운영하는 경우가 많다. PM은 발주자의 입장에서 프로젝트를 리드하는 역할을 하고, CM을 설계단계와 시공단계, 또는 세부 공정별로 나누기도 한다. 결과적으로 하나의 프로젝트에서 여러 개의 서로 다른 용역이 동시다발적으로 발주될 수 있고, 발주자 조직과 통합 PM/CM 조직을 구성하는 경우도 있다. 용역발주의 구조가 매우 다양하게 나타나고 있는 것이다. 하지만 우리나라는 CM과 감리를 합쳐놓은 형태로 해외와 비교했

을 때 굉장히 단순화시켜놓고 있다. 이러한 점은 우리 CM이 국내용으로 전락하는 원인이 된다.

A1 국내에서도 통합 PM/CM 조직의 사례는 가끔 찾아볼 수 있다. 특히 공공발주자가 시행하는 대형 프로젝트에서 내부 PM조직을 만들고, CM용역을 발주하는 경우가 있다. 그런데 발주자가 그 프로젝트를 속속들이 이해하고 필요한 기능을 위해 CM발주를 하는 것이 아니라, 감사용 행정처리 기능을 CM에게 의존하는 경우가 대부분이다. 결과적으로 CM 본연의 역할보다는 발주자의 보고서를 만드는 업무가 큰 비중을 차지하는 결과가 초래된다.

Q 현재 CM 도입 20년이 된 시점에서 CM을 다시 바라보고 발전방향을 찾는 것이 매우 중요하다. CM 자체의 기술력 개발과 향상도 중요하겠지만 해외와 비교할 때 국내 발주자들이 가장 유념해야 할 점은 무엇인가?

A1 비용이던 공기이던, 그 목표가 무엇이던 간에 발주자가 원하는 것은 프로젝트의 성공이다. 그런 차원에서 프로젝트에서 무엇이 제일 중요하고 성공을 가져다 줄 수 있는 요소인지를 잘 파악해야 한다. CM은 그 기능을 담당하는 자이므로 발주자 스스로가 어떤 CM 기능이 필요한지 그 기능의 전문성이 얼마나 중요한지를 먼저 이해하고 있어야 한다.

A2 해외와 비교해본다면 국내 건설에서는 엔지니어링 비용, 엔지니어의 인건비가 상대적으로 싸다. 역설적으로 그렇기 때문에 엔지니어링 인력을 필요이상으로 넣는 것에 부담이 적다. 해외에서는 엔지니어의 몸값이 비싸기 때문에 많이 쓰고 싶어도 그러지 못한다. 최근 미국의 모 건설회사를 다녀왔는데 거기서는 전문인력이 우리의 절반으로 투입되고 있었다. 하지만 전문가들의 효율이 높고 우리보다는 연봉도 2배 이상 받는다. 물론 거기에 대한 책임도 훨씬 크다. 우리는 사람이 많은데 효율이 너무 떨어진다. 기능공의 경우도 마찬가지다. 선진국에서는 인건비가 우리보다 수십 배 높은 공종도 많다. 따라서 비용의 효율성을 따진다면, 정말 필요한 기능과 거기에 수준 높은 기술자들을 적재적소에 고용하는 것이 훨씬 유리하다. 우리는 투입해야 할 인력 규모를 법으로 정하고 있기 때문에 비효율적이고 업체차원에서 기술 향상의 노력도 부족할 수밖에 없다. 이런 상황은 발주자의 인식 변화보다는 획기적인 제도적 변화가 이끌어줘야 할 부분이다.

Q **그렇다면 발주자의 변화는 어떻게, 누가 만들어낼 수 있을까?**

A1 영국, 싱가포르 등은 수십 년 걸쳐서 관 주도로 민간과 협력하여 건설산업 효율화 방안을 연구하여 지금처럼 선진화된 건설산업의 모델을 만들어 놨다. 쉽지 않은 일이지만 우리도 못할 것은 없다고 본다. 근본적인 것은 제도적인 방법이든 캠페인이든 전문성과 효율성에 대한 발주자의 인식을 바꾸고 프로젝트의 목표와 특성에 맞게 다양하고 융통성 있게 계약체계와 인력을 운영하는 것이다. 이것은 설계든, 시공이든,

CM이든 공통적인 시작점이라 생각된다.

Q 지금까지 우리 기술자의 시각에서 바라본 국내, 그리고 해외의 CM과 발주자에 대해 얘기해 봤다. 이제 주제를 해외로 옮겨보도록 하겠다. 미국의 경우, 공공과 민간시장을 비교할 때 CM 활용 현황은 어떤 차이가 있나?

A3 개인적으로는 공공사업에 참여했던 경험이 압도적으로 많았고, 미국 같은 경우 공공부문에서 CM이 매우 활성화되어있다. 한국의 경우 인프라, 토목 사업에서는 감리가 아닌 사업관리 차원에서의 CM 적용이 흔치 않지만, 미국에서는 이런 사업에도 CM이 광범위하게 적용된다. 민간시장은 주로 건축과 관련된 사업이 많은데, 역시 그 시장규모는 상당이 크다. 본질적으로 공공과 민간시장 간에 큰 차이는 없다 할 수 있다.

Q 우리나라는 법과 제도에 의해서 CM 제도가 운영되는데, 그런 공공사업에 적용되는 특별한 제도가 있는가?

A3 한마디로 공공부문에서도 한국처럼 법과 제도로 CM 용역을 운영하는 것은 아니다. 다만 발주자의 유형에 따라 규정과 원칙에는 차이가 있다. 내가 참여했던 교통부나 학교 프로그램에서는 CM과 관련된 모든 운영이 굉장히 융통성 있게 진행되는 반면에 군사 시설 쪽은 국방이라는 인식 때문인지 한국과 흡사하게 고지식하게 운영된다. 하지만 융통성이 있든 없든 법과 제도에 근거한 것이 아니라 자체 시스템에 의한 프로세스와 원칙이 우선이라는 것이 특징이다.

Q 그러면 공공부문에서는 주로 어떤 형태로 CM이 활용되는가?

A3 미국 공공부문에서는 발주자가 자체 조직 내에 CM과 관련된 부서(실제적인 업무 범위로 보면 PM이라 표현하는 것이 맞다)를 운영하면서 CM 전문회사로부터 파견형태로 전문인력을 수급받는 용역(staff augmentation)이 꽤 많다. 외부 인력의 인건비가 높지만 관련 업무를 진행하면서 전문성이 요구될 때 그런 형식을 종종 사용한다. 캘리포니아 주 교통부(California Department of Transportation; Caltrans)가 대표적인 예인데, 이 기관은 자체적인 PM/CM 규모가 만만치 않지만 상대적으로 취약한 클레임이나 공정관리 분야의 전문가를 외주 용역을 통해 지원받는다.

당연히 Program Management 수준의 대형 사업도 많다. 예를 들면, 공립학교 시설개선 사업과 같은 경우, 넓은 지역에 걸쳐 진행되는 큰 프로그램인데, 이런 경우 지역 내 교육에 차질이 없도록 공사의 순서와 공정을 짜고 사전 계획을 세우는 일이 매우 중요하다. 내가 참여했던 프로젝트에서는 CM사가 전체적인 프로그램 계획과 설계사 관리, 시공사 관리를 교육당국의 대리인으로서 업무를 모두 책임지고 진행했었다.

Q 법과 제도에 의해 CM제도가 운영되는 것이 아니라면 CM사를 선정하거나 용역범위를 결정하는 일들에 일반적인 원칙이나 기준을 어떻게 설명해야 하나?

A3 법과 제도가 통제한다는 것은 그만큼 융통성이 떨어진다는 의미이고, 그렇지 않다는 것은 매우 다양한 접근이 가능하다 것을 말한다.

전체 사업의 발주체계, CM과 관련된 계약방식이나 내용, 업무 범위 등은 사업마다 전혀 다른 형태를 취할 수 있다.

선진 시장에서는 이 모든 것을 시장에 맡기는 경우가 대부분이다. 그런데 발주자가 CM을 참여시킬 것인가, 어떤 과업을 줄 것인가 등을 결정할 때 특이한 점 중 하나는 공청회를 많이 활용한다는 것이다. 프로젝트를 시작하기 전에 공고를 내서 설계자, 시공자 등 업체사람들과 지역사회 주민들까지 불러 모은 다음, 토의와 질의, 답변을 통해 합의된 결론을 도출해 낸다. 한국은 대부분의 사항들을 정부가 정한 대로 하는 분위기인데 반해 이 부분 만큼은 차이가 크다. 그런데 이 과정에서 제일 중요한 것이 바로 투명성이다. 이렇게까지 사람들을 불러서 이런 얘기를 할 필요가 있을까 싶을 정도로 설명을 많이 하는데, 그만큼 사업 진행이 투명해진다. 다양한 사람들이 모여 서로 다른 의견을 낼 수 있으니 진행이 더딘 단점은 있지만, 결론이 나오고 나면 오히려 사업이 순조롭게 효율적으로 추진된다.

Q 그래도 발주자가 CM의 필요성이나 어떤 기능과 역할이 중요한지, 어떻게 운영해야 할지를 먼저 정해야 하는 것 아닌가?

A3 발주자가 경험이 많다면 모든 것을 초기단계에서 정하고 진행할 수 있다. 그런데 발주자가 무엇이 제일 좋은 방법일지 모른다든지, 아예 처음부터 관련자들의 의견에 문을 열어놓는 경우가 많다. 앞서 공청회 활용이 바로 그런 예이고, 업체들의 의견과 조언이 중요하게 작용한다.

발주자가 프로젝트를 운영하고 CM을 활용함에 있어 제일 중요한 것은 미리 정해진 원칙이나 규칙보다 '융통성'이다. 예를 들어, 미국에서도 시공이든 용역이든 총액계약(Fixed Lump Sum) 방식이 많지만 설계변경이나 계약변경에 인색하지 않다. 예상치 못했던 클레임이 발생을 해서 계약금액이 늘어날 수도 있는데 그런 부분을 억지로 관리하고 통제하려 하지 않는다. 공공 프로젝트라 해도 이런 부분에서 공무원들이 몸을 덜 사리게 되고 그런 점에서 국내 현실과는 차이가 난다. 한국에서는 의사결정에 따르는 책임 때문에 몸을 사리지만, 미국은 정당한 의사결정이라면 공무원들에게 권한을 많이 부여한다.

물론 해당 사업에서 어떤 전문성이 요구되는지를 판단하고 그런 전문성을 갖추고 있는 CM을 고용하는 것은 발주자의 매우 중요한 역량이다. 공청회를 통해서 결론을 이끌어내는 것도 하나의 방법이라면, 어떤 전문성이 필요한지 이미 알고 시작하는 발주자도 많다. 그런데 미국 시장에서는 특화된 전문성을 갖추고 있는 CM 회사들이 상당히 많기 때문에 발주자들의 선택의 폭도 넓어진다. 사실 CM 회사라고는 하지만, 많은 회사들이 설계, 엔지니어링, 심지어 물류관리와 같은 생소한 전문성을 두루 갖추고 있어서 어떨 때는 CM 용역인지, 엔지니어링 용역인지 헷갈리게 복합적으로 운영될 때도 있다. 이점은 한국의 CM 회사들도 심각하게 고려해봐야 할 점이라 생각한다. 한국 제도에 의한 CM만으로는 다양한 발주자들의 욕구를 충족시킬 수 없다. 더 넓은 활동영역과 더 깊은 전문성을 갖춰야 한다.

Q 결국은 발주자가 원하는 것은 사업의 성공 아닌가. 그렇기 위해서 CM의 능력을 최대한 발휘하게 하려면 발주자는 어떻게 해야 하는가?

A3 우선은 CM사에게 100% 권한과 신뢰를 줘야한다. 사실 발주자는 CM을 대리인으로 고용한 거니까 이것이 당연한 일인데도 한국의 경우, 발주자가 건설사에 더 의존하는 경향이 있는 것 같다. 특히 한국의 건설사 중에 거대기업이 많다 보니, 그 영향력이 매우 크고 이 점이 오히려 CM에 대한 불신으로 이어지는 경우가 있었다.

발주자 대리인으로서의 권한과 신뢰 문제는 발주자 내부 조직에서도 찾아볼 수 있다. 즉, 미국의 경우 CM사가 정해지면 발주처에는 프로젝트를 관리하는 직원이 2~3명밖에 없다. CM이 그들의 업무를 다 해주니까 발주자 내부 인력이 많을 필요가 없는 것이다. 반면, 한국에서는 발주처 인력이 PM/CM 인력만큼이나 많은 경우도 종종 있다. 완전 돈 낭비다. 게다가 자신들이 할 수 있는 일임에도 책임을 지기 싫어서 CM을 방패처럼 세워놓는다는 느낌도 있다.

두 번째는 인센티브 시스템을 적극 활용하는 것이다. 런던올림픽 때 프로그램 사업관리(program management)에 참여했었는데 그 결과가 매우 성공적이어서 비용을 30% 절감할 수 있었다. 그런데 애초 계약에서부터 비용 절감분은 발주자와 CM이 나누기로 했고, 이 절감분을 다시 CM사 직원과 발주자 직원들에게 인센티브로 나눠주기로 했다. 그랬더니 너나할 것 없이 열심히 노력하는 것을 피부로 느낄 수 있었다. CM의 역할이 컸지만 발주자 직원들에게 돌아간 인센티브도 사업을 성공으로 이끄는데 큰 몫을 했다. 물론 이런 시스템이 정착되려면 시간이 걸리겠지만, 성공 사례가 있는 만큼 고려해볼만 하다.

마지막으로, 발주자에게 국한되거나 프로젝트 차원의 얘기는 아니지만, 외적으로는 해외 시장 경험으로, 또 내적으로는 시장개방을 통해

CM의 경쟁력과 역량을 강화하는 것이다. 한국 엔지니어들의 기술력과 역량은 이미 어마어마하다고 생각한다. 99%가 대학을 나오고, 사람들이 똑똑하다. 언어문제가 있을 수 있지만, 처음에 영어를 못하는 사람들도 금방 배운다. 그런 인력을 가지고 많은 일을 할 수가 있는데 국제 경험이 매우 부족하고 해외의 동향이나 다양한 시스템에도 취약하다. 이런 단점을 메꾸고 국내 시장 자체를 글로벌화 하려면 자꾸 해외로 나가야 한다.

시장개방은 오히려 외국 업체들과의 경쟁 또는 협업을 통해 국내에서 기술력을 키울 수 있는 수단이 될 수 있다고 생각한다. 시장개방에 관한 한 한국이 매우 폐쇄적인데, 해외시장 진출을 지향하면서 폐쇄적인 것은 모순이다. 시장개방을 할 때의 두려움도 있겠지만, 개방이 돼도 외국 업체들은 국내 업체와 협업을 할 수 밖에 없다. 이런 식으로 선진화된 시스템을 배우고 해외로 나갈 수 있는 발판을 마련해야 한다.

Q 지금까지 얘기한 것 외에 우리나라 발주자가 개선해야할 점이 있다면?

A3 발주자는 발주자다. 한국이든 다른 나라이든 크게 다르지 않다. 다만, 한국의 경우, 융통성이 부족하고 공공발주자의 경우, 그 구성원들은 책임을 지려하지 않는다. 한국적인 문화 때문인지 특히 고위공무원들은 일을 회피하거나, 자신들이 해야 할 일과 부하직원이 해야 할 일을 미리 정해놓고 자신의 일이 아니면 전혀 움직이지 않는 사례도 경험해 봤다. 실무자들도 어떤 어려운 문제가 있을 때 같이 풀어 가자고 하면 자신들의 일이 아니라는 이유로 거부감을 표시하는 일도 있었다. 심지

어 많은 발주자 직원들이 1년의 3/4 정도 감사를 위해 일을 하는데, 결국 그런 업무가 CM업무를 방해하거나 비효율적으로 만드는 결과를 초래한다. CM이 있다고 해서 모든 문제를 해결해 줄 것이라 안주하지 말고 발주자도 적극적인 접근과 참여가 필요하다.

전문가 인터뷰의 시사점

이상의 전문가 인터뷰에서 공통적으로 발견할 수 있는 대표적인 키워드는 '융통성'과 '경직성'이다. 국내 발주자와 CM 활용에 대해서는 많은 내용들이 '경직성'에 관련되어있고, 해외의 경우는 '융통성'에 더 가깝다. 본 고에서는 인터뷰 대상자가 세 사람에 불과했지만, 아마도 이 두 가지 대비되는 키워드는 국내와 해외를 동시에 경험해본 사람이라면 어느 누구나 공감하는 단어일 것이다. 왜 이런 차이가 나타나는 것일까?

근본적인 원인은 앞서 발주방식의 진화 과정에서도 언급했지만, 발주자의 니즈에 의해 자연 발생된 발주방식과 법과 제도에 의해 인위적으로 도입된 방식이라는 차이점에서 찾을 수 있다. 게다가 우리의 정서에는 법으로 해야 지켜지고 제도로 규율해야 투명해진다는 인식이 깊기 때문에 국내 CM 제도의 운영 역시 그 틀을 벗어나기가 힘들다. 특히 위의 전문가들이 얘기하는 국내 공공발주자 또는 공무원의 모습은 CM 적용의 효율성 측면에서 매우 아쉬운 부분이다. CM은 어디까지나 발주자가 필요해서 사업에 적용하는 것임에도 CM을 대하는 발주자의 자세나 운영방법이 경직되어있다면 그 효과는 떨어질 수밖에 없다.

'경직성'에 대비되는 또 다른 키워드가 있다면 그것은 바로 '다양성'이다. 해외 사례와 비교해보면 발주자가 어떤 유형의 CM 방식을 적용할 것인가, CM의 어떤 전문성을 선택할 것인가, 그리고 전체 프로젝트의 발주체계를 어떻게 운영해 갈 것인가 등에 있어 우리와 큰 차이가 난다. 모든 건설 프로젝트는 서로 다른 목표와 특성을 가지고 있는데, 문제를 해결하고 성공을 달성하는 방법 역시 각기 다를 수밖에 없다. 거기에는 '다양한 방법'이 필요하고 이에 대해 해외에서는 이미 다양한 CM의 유형과 전문영역이 존재한다. 해외 선진 CM 업체들은 이런 다양한 서비스를 발주자에게 제공하고 있고 발주자는 이를 융통성 있게 활용하고 있다. 그럼에도 국내에서는 CM이 한 '종목'으로만 통용되고 있고 CM 회사들의 역량은 어느 회사가 더 많은 우수 기술자를 보유하고 있는가의 차이는 있을지라도 전문성 차원에서는 크게 다르지 않다. 심지어 국내에서는 전문성에 대한 인식수준조차 매우 낮다. 그런데 이것이 과연 CM 업체, 즉 공급자로부터 유발된 문제일까? 앞서의 해외 사례들과 전문가 인터뷰는 현명한 발주자가 CM의 효용성을 극대화시킬 수 있고 궁극적으로 프로젝트를 성공으로 이끌 수 있음을 시사하고 있다.

4.

발주자, CM 역량 제고의 시발점

국내 CM의 한계

우리나라에 CM이 도입된 지 20년을 맞이하는 현 시점에서 국내 CM의 한계는 무엇일까? CM이 건설의 품질을 한 단계 업그레이드시켰다는 점에서는 분명히 긍정적인 성과가 있었다. 그동안 시장도 확대됐고 웬만한 발주자라면 CM이 무엇이고 어떤 역할을 해줄 것인지에 대해 충분히 인식하고 있는 수준에 이르렀으며, 많지는 않지만 몇몇 선도적 CM 업체들은 글로벌 CM 순위에도 이름을 올리고 있다. 그럼에도 불구하고 아쉬운 것은 역량 차원에서 진정 글로벌 수준이라 내세울 수 있는 CM 업체는 찾아보기 어렵다는 것, 해외에 성공사례로 자랑할 만한 변변한 CM 프로젝트가 없다는 것이다. 게다가 내수 건설시장의 위축과 정체된 CM 시장 규모를 고려한다면 앞으로의 전망도 그리 밝지 않다. 이런 한계를 극복하기 위해 많은 CM 업체들이 해외 진출을 꾀하고 있지만, 그 역시 쉬운 일이 아니고 진출한다 해도 MDB나 ODA 사업과 같이 소규모 사업, 또는 선진 업체들과 경쟁을 피할 수 있는 제한된 시장을 엿보는 정도이다.

이런 상황을 단편적으로 뚝 잘라 문제의 원인이 누구에게 있는가를 평한다면, 아마도 많은 사람들이 CM 업체 자신들 때문이라고 지적할 것이다. 하지만 좀 더 근본적인 원인을 찾아 들어가면 그렇게 단정적으로 얘기할 사안이 아니다. 앞에서 이미 언급했지만 국내 CM이 법과 제도에 의해 인위적으로 도입되었고 그 때문에 경직된 방식으로 운영되어 왔으며 CM 업체가 다양한 경험을 쌓고 다양한 전문성을 키우기에는 법과 제도의 틀이 미치는 영향이 너무나 컸다. 이러한 문제의 일차적인 원인은 발주자에게서 찾아보는 것이 맞을 것 같다. 지금 CM에 대한 발주자의 인식이 높아졌다고는 하나, 국내 발주자는 CM이 늘 국내에서 적용되는 그 형태, 그 방식 밖에 없다고 생각해왔고 세부적으로 어떤 CM의 기능이 자신에게 절실한 지 깨우칠 상황이 아니었다. 어쩌면 CM 업체는 발주자의 수준과 니즈에 맞춘 서비스를 제공해왔을 뿐이고, 그렇다면 현재 우리가 우려하는 CM의 한계, 국내 CM 시장의 정체 상황과 기술력의 답보 상태의 원인을 물을 때 발주자도 그 책임을 피할 수 없을 것이다.

발주자에게 요구되는 변화의 방향

현명한 소비자는 그가 원하는 제품의 사양과 기능이 무엇인지를 정확히 알고 자신을 만족시킬 수 있는 상품을 고른다. 제조사는 소비자의 니즈를 충족시키고 좀 더 많은 상품을 판매하기 위해 기술을 개발하고 디자인을 개선하며 차별화를 꾀한다. 아무리 좋은 기술이라도 소비자가 무관심하거나 사용할 줄 모른다면 금세 버려지게 마련이다. 제조사는 그저 소비자가 원하는 수준의 제품만 만들어내면 그만이다. 또한 그런 기술의 가치를 알고, 좀 더 발전된 기술과 제품을 기대하고 있는 거대한 해외 시장이 있더라도 국내 시장에 안주하고 준비가 되지 않은 회사들은 큰 시장을 보고도 진출할 엄두를 내기 어려워진다.

우리의 CM이 맞닥뜨리고 있는 상황이 바로 이렇다. CM 업체의 자체적인 역량 제고도 물론 중요하지만, 현명한 소비자처럼 발주자 역시 좀 더 똑똑하고 꼼꼼해져야 한다. 자신의 프로젝트가 어떤 특성을 가지고 있으며 향후 사업을 진행하면서 어떤 리스크가 잠재하는지 정확히 파악해야 하고, 이것저것 다 모른다면 문제가 무엇인지를 파악하는 것에서부터 제일 잘 해결해줄 사람을 선정해 무한 신뢰를 기반으로 같이 해결해가는 자세를 가져야 한다. 즉, CM의 역량 제고 이전에 발주자의 역량 제고가 필수적이라는 것이다.

그런 관점에서 본다면, 건설회사나 CM 회사가 아닌 다음에야 발주자가 건설에 필요한 충분한 전문인력을 갖추고 있을 수 없겠지만, 발주자에게는 그 사업에 필요한 전문 기술과 역량이 무엇인지를 규정하고 추진해갈 전문가가 필요하다. 그것도 발주자 조직의 직원으로서가 아닌 그야말로 자신이 발주자, 오너라는 생각을 가지고서 일할 수 있고, CM이 참여한다면 그와 협력적으로 시너지 효과를 낼 수 있는 인력이어야 한다.

궁극적으로 CM 발전을 위한 발주자의 변화 방향은 의사결정자로서 발주자가 가져야할 매니지먼트에 대한 인식전환이다. 1970년대 오일

쇼크 이후 많은 발주자들이 효율적 매니지먼트가 사업의 경제성과 효율성에 미치는 영향이 얼마나 큰가를 절실히 깨닫게 되었고, 이러한 시대적 상황이 CM이 학문적으로나 실무적으로 자리 잡게 되는 계기가 되었다고 한다. 보다 나은 방법을 찾지 않는 발주자들은 성공할 수 없고 발주자의 니즈가 그에 상응하는 기술을 발전시키게 됨을 역사가 보여주었다. 또한 여기에는 기술을 존중하는 발주자의 자세가 뒷받침되어야 한다. 미국 등 선진국에서 용역 서비스에 대한 가격경쟁을 배제하거나 최소화 하는 것은 발주자와 용역회사 간의 신뢰관계(fiduciary relationship)가 그만한 가치와 성과를 도출하기 때문이고 CM은 그 성과를 리딩할 수 있는 중요한 위치를 점하고 있다.

한편, 모든 변화가 궤도에 오른다 해도 발주자와 CM이 판을 벌일 수 있는 기회가 없다면 아무런 소용이 없다. 그런 의미에서 그야말로 국내에서 CM의 정수를 보여줄 수 있는 메가 프로젝트를 기대해 본다. CM이라는 개념이 국내에 알려진 이후, 초대형 사업에 CM이 참여한 사례를 꼽아보라면 경부고속철도나 인천국제공항, 최근에는 미군기지 이전사업 등을 들 수 있다.[5] 그런데 전자의 두 개 사업은 제대로 된 CM 개념이 알려지기 이전이었고, 미군기지 이전사업은 그 특성 상 외부에 잘 알려져 있지 않은 사업이다. 또 모두 공사비 증가나 공기 지연 등의 관점에서 본다면 CM의 성공사례로 보기에는 어려운 측면이 있다. 따라서 이제는 민간이든 공공이든, 국내 메가 프로젝트를 대상으로 CM의 성공모델을 만들어 볼 때가 되었지 않나 싶다. 이를 통해 또 다른 시행착오

5) 사실상 이 용역들은 모두 Program Management의 형태로 계약되었다.

를 겪을 수는 있겠지만, 초기부터 철저한 계획을 세우고 제대로 된 CM을 시도해본다면 분명 CM의 새로운 발전과 역량 향상에 계기가 마련될 것이다.

이와 같이 발주자가 변화한다면 서비스 공급자인 CM은 자연스럽게 발전할 수밖에 없다. 발주자의 니즈를 충족시키기 위해 스스로 기술력과 전문성을 키워갈 것이고 그 무기는 해외진출에도 큰 원동력이 될 것이다. 결론적으로, CM의 선진화를 위해서는 관련법과 제도의 개선이 일차적인 목표가 될 것이고 CM 업체의 자구적 노력이 무엇보다 중요하겠지만, 발주자 역시 같은 선상에 서있는 CM 역량 제고의 시발점이라는 인식이 필요하다.

CHAPTER

02

CM 서비스 공급자의 역량을 강화시켜라

•

이복남 교수

02

CM 서비스 공급자의 역량을 강화시켜라

건설사업과 관련해 기술과 산업이 발전되지 못했던 10세기 이전에는 수요자, 즉 발주자가 생산 역할까지 했다. 이후 인구가 늘어나고 기술이 발전되고 산업화로 가기 시작하면서 건설사업에서도 역할 분담이 일어났다. 발주자는 그의 생산자 역할을 주문을 통해 아웃소싱하기 시작했으며, 발주자의 역량에 따라 주문하는 방식, 즉 발주방식도 다양해지기 시작했다. 하지만 발주 방식이 다양해질수록 발주자의 역할이 더 이상 중요하지 않다는 의미는 아니며, 오히려 선진국으로 갈수록 발주자 역할과 책임, 그리고 역량이 중요시 된다. 그러나 현대의 건설사업에서 발주자 역할을 명확하게 정립하기란 쉽지 않다. 설계 혹은 시공을 제외한 모든 업무가 발주자 업무 범위에 속한다고 볼 수 있기 때문이다. 다만 선진국에서 종종 예산편성을 할 때 사용하는 방법으로 총투자비에서 발주자가 수행해야 할 업무량을 금액으로 환산하기도 하는데, 그 비용은

총 건설투자비의 10% 내외가 된다고 하니 발주자 업무 비중의 간접적인 판단이 가능하다.[1]

이처럼 절대적이지만 한마디로 규정하기 어려운 발주자의 역할을 외주 용역의 형태로 대신 수행하는 주체가 바로 CM 서비스 공급자, 즉, CM 전문회사이다. 그런데 과연 우리나라 CM 회사는 얼마만큼의 역할을 하고 있으며, 그 역량은 어느 정도 수준일까? CM 제도가 도입된 지 20년이 흐름 지금, 그들의 역량이 발전하고 있지 못하고 있다면 그 원인은 어디서 찾을 수 있으며 어떤 역량을 개발하여야 할까? 본 장에서는 이러한 이슈들을 산업 차원, 제도적 차원 등 다양한 각도에서 분석하고 CM 회사들이 역량강화를 위해 취해야 할 전략을 다뤄보도록 한다.

1) 건설사업관리 비용 산정(연구보고서), 한국건설산업연구원(이복남 외 3인), 2001.7

1. CM 서비스의 시작

건설산업의 수요·공급 구조와 CM 서비스

CM 회사의 역량을 정의하기 위해서는 건설산업의 수요와 공급 구조를 먼저 파악할 필요가 있다. 수요와 공급 중 어느 것이 먼저인지는 닭이 먼저인지 달걀이 먼저인지와 같이 논란의 여지가 있다. 건설의 경우 수요에 따라 공급되는 주문생산이라는 보편적 특성을 갖지만, CM 서비스 수급구조에는 이와는 다른 속성이 있다. 설계나 시공은 분명한 목적물이 있으나 CM 서비스는 그렇지 않다. CM 서비스를 지식산업이라 부르는 것도 이런 이유 때문이다.

세계에서 CM 서비스 시장이 가장 큰 나라로 미국을 들 수 있는데, 미국에서 CM은 민간 시장에서부터 출발했다. 인프라 시설을 중심으로 하는 공공시장의 경우, 많은 발주자가 설계에서부터 시공까지 직접 수행해 왔기 때문에 제3의 전문기관으로부터의 지원을 필요로 하지 않았다. 반면, 민간의 경우 일회성 건축공사가 대부분이므로 경제성과 효율성을 중시하는 발주자가 건설 전담조직과 인력을 상시 보유한다는 것이 매우 부담스러운 일이었다. 동시에 최소 비용으로 최단기간에 목적물을 완성할수록 경제성이 높아진다는 사실 때문에 자연스럽게 외부 전문기관을 활용하게 되었다. 이후 민간 사업자가 외부 전문기관의 힘을 빌려 원하는 목적물을 성공적으로 얻었다는 입소문이 미국의 CM 시장을 활성화시켰다.

국내 CM 서비스 시장 탄생 배경에 대해서는 서로 다른 견해가 있다. 제도가 시장을 만들었다는 주장과 발주자가 시장을 만들었다는 주장이다. 제도가 시장을 만들었다고 주장하는 사람들은 제도 이전에 이미 CM이 활용된 사례가 있었음에도 이를 잘 모르거나 산업차원에서 제도라는 공식적인 절차에 의해 도입된 것만을 놓고 얘기하는 것 같다. 실제로 제도 이전 도입 사례를 살펴보면, 국내 최초로 알려진 원자력발전소 건설에서부터 종합설계엔지니어링과 구매 및 시공관리(EPCM)계약 방식이 도입된 바 있다. 이 사업에서는 발주자의 필요에 의한 것이 아니라 외국회사의 제안으로 사업관리 업무가 용역범위에 포함되었는데, 발주자는 자체적으로 대규모 플랜트 건설을 종합관리하는 것이 역부족이라는 사실은 이미 알고 있었다. 경부고속철도에 도입했던 종합사업관리자문서비스 계약 역시 원자력발전소의 성공 모델을 벤치마킹한 결과였으며, 인천국제공항1단계 사업은 원자력발전소와 경부고속철도에서 도입한 사업관리방식을 따랐다. 특히 경부고속철도 사업에 도입했던 종합사업관리자문방식은 원자력발전소의 성공 모델도 참고했지만 글로벌 공급자가 정부에 제안했던 방식이 절대적인 영향을 미쳤다. 따라서 국내 CM 서비스 시장은 발주자 역량 부족과 함께 외국 기업이 제공한 서비스의 성공 모델을 참조하여 형성되었다는 점에서 공급이 수요를 만들어 냈다는 주장이 타당하다. 이는 미국과 같은 선진 시장의 CM 서비스 발생 방식과는 차이가 있으며, 성공 사례가 시장을 만들어낸 경우이다. 여기서 성공사례는 CM 서비스를 활용한 발주기관의 만족도가 높았다는 측면으로 해석해도 좋다.

이런 사례들, 즉, 제도 도입 이전 CM 서비스의 특징은 공급자가 업무범위와 수행방법, 대가까지를 제안했다는 것이다. 공급자의 제안서를 기준으로 협상을 통해 범위와 수행방법, 그리고 대가 규모와 지불방식이 결정되었다. 동시에 국내 CM사업단이나 책임감리단이 별도 사무소를 갖는 형태와 달리 발주자와 동일한 업무 공간인 통합사무소(integrated project office 혹은 integrated project management office)에서 근무했다는 점에서 상당한 차이가 있다. 계약적으로는 업무 범위와 책임이 명확하게 구분되어 있었지만 통합사무소 역할은 알파에서 오메가까지를 대상으로 했다. 서비스 범위나 수행 방법, 및 시기 등에 계약적인 분쟁이 있을 수 없는 환경을 만들었던 것이다. 사업관리통합사무소에서 사업관리는 전문기관이 개발한 절차서와 프로그램을 통해, 계획 및 관리 역할을 수행하였다. 물론 정부 부처와의 행정 처리는 발주기관의 내부 행정지침(일명, 내규)을 따랐지만 사업관리에 관해서는 만큼은 철저하게 사업관리시스템에 따라 수행되었다는 것이 중요한 점이다.

한편, 국내의 초기 CM 사례에서는 발주자의 요구사항은 물론 기대 이상의 전문서비스를 제공했을 때, 사업관리 서비스 대가를 최대한으로 올려주기 까지 했다. 발주자와 사업 환경을 만족 시킬 수 있는지 여부는 CM 기업의 서비스 역량이 좌우한다. 역량(capability) 평가의 경우, 해당업무의 수행 가능성에 대해 결정하는 것을 절대평가라 한다면 남보다 더 잘 할 수 있는지는 상대평가로 정의될 수 있다. 우리는 통상적으로 상대평가와 관련된 역량을 경쟁력(competitiveness)이라 부른다. 역량과 경쟁력은 일견 비슷해 보이지만 다른 의미로 해석할 수 있는데, 역량을 갖췄다는 것은 경쟁에 참여 할 수 있는 자격이 있다는 의미이고 자격을 갖춘 다른 기관과의 경쟁에서 유·불리를 다툴 수 있는 역량을 경쟁력이라고 한다.

실무적 관점에서 본 국내 CM의 변천사 [2) 3)]

한국의 건설 사업관리체계 역사는 4세대로 구분이 가능하다. 짧은 역사에 비해 4단계로 세대가 구분될 수 있는 것은 그동안 소득수준이나 기술 수준, 투자비 공급원, 프로젝트의 규모와 복잡성 등에 큰 변화가 있었기 때문이고 이것이 건설사업의 관리체계에 막대한 영향을 미쳤기 때문이다. 예를 들어, 프로젝트의 규모가 크고 복잡해질수록, 한 프로젝트에 내에 여러 종류의 개별 프로젝트가 포함되어 있을수록 관리체계가 복잡해지고 다계층화 되는 양상을 띠게 되고 따라서 건설사업관리의 형태도 달라진다. 이 과정에서 발주자들이 요구하는 CM 서비스의 범위와 역량에도 영향을 미치게 된다. 이런 관점에서 각 세대의 개괄과 가장 대표적인 사업의 내용들을 통해 어떠한 변화가 있었는지 좀 더 구체적으

2) 한국 건설산업의 성공키워드 CM/PM, 한국건설산업연구원, 2007

3) 한국의 프로젝트관리, 프로젝트경영협회(KPMA), 2004

로 살펴보기로 한다.

● 제1세대

건설사업관리 체계의 제1세대는 1960~1970년대다. 당시 건설 투자 재원의 대부분은 외국 차관으로 충당해 왔다. 기술 수준이 낮음에도 불구하고 에너지 인프라로 대규모 발전소가 건설되었다. 원자력발전소 1호기는 EPC 방식이자 완전 턴키로 건설되었다. 포항제철공장도 같은 방식으로 건설되었다. 당시에는 건설사업의 관리체계와 관련된 용어나 개념이 정립되지 않았었는데, 발주자의 관심도 적은 편이었고 대부분이 외국 자본과 기술이 지배했기 때문이라 판단된다.

● 제2세대

제2세대는 국민소득 수준이 $10,000 이하였던 1980년대와 1990년대로 정리된다. 제2세대 건설관리 체계에서는 제도적인 틀이 완성되지 않았던 시기로, 발주자가 직접 계약하고 외국기술이 주도하는 PMC 체제가 지배했다. 경부고속철도, 인천국제공항1단계, 올림픽 등 수십억 달러가 투자되는 초대형 사업들이 여기에 해당된다. 당시 초대형사업에 대한 지식과 경험은 부족했지만 이때부터 프로젝트 관리에 대한 관심이 높아지기 시작했으며 공공발주자들이 초대형 프로젝트의 효율적 수행을 위해 일련의 전략 수립의 필요하다는 것을 인식하기 시작했다. 특히 사업을 공기 내 최소 비용으로 완공시키기 위한 사업관리 전략 수립을 주문했고 당시에는 외국 기업이 사업관리 관리방식이나 구조를 제안하기도 했다.

● 제3세대

제3세대는 1995년부터 2005년 사이로, 이 시기에는 월드컵경기장, 인천공항 제2단계 사업 등이 진행되고 있었다. 또한 원자력발전소건설과 경부고속철도 사업 등에서 검증된 종합사업관리(PM)의 중요성을 인식하기 시작했다. 1993년도에 도입했던 책임감리제도와 별개로 1996년도에 CM 제도가 도입됐으며, 이때 PM이라는 용어 대신에 CM이라는 용어를 사용했던 배경에는 발전소 등의 플랜트건설과 전통적인 건설과의 차별성을 두기 위해서였다. 엔지니어링산업진흥법에 PM이 이미 포함되어 있었던 것도 CM이라는 용어를 사용한 이유 중 하나였다. CM 방식이 법제화되면서 PM보다 CM이라는 사업관리체계가 대세인 것처럼 인식되기도 했다.

● 제4세대

제4세대는 2006년도 이후부터 현재까지라고 볼 수 있다. 그 동안 수십억 달러에 이르는 초대형 건설 프로젝트가 진행되었는데, 행정중심복합도시(현 세종시), 용산미군기지이전사업(YRP), 4대강 정비사업 등이 대표적이다. 사업의 규모가 큰 데 비해 시간적 제약이 강한 특성도 있었다. 국내 건설 시장에 처음으로 포트폴리오 관리라는 용어가 등장하기도 했으며 동일한 프로젝트에 프로그램관리와 CM, 책임감리의 개념이 동시에 도입되기도 했다. 특히 이 시기에 국내에도 5조원 이상인 초대형 인프라 투자 사업이 등장했고 사업의 규모나 사업에 포함된 시설도 다양해졌다. 국내에서 최초로 프로그램관리(종합사업관리)라는 신조어가 탄생되었는가 하면, 이 방식이 발주자 역량, 사업의 규모, 사업의 특성, 경험,

지식에 따라 서로 다른 유형으로 적용되어 현재 진행 중인 세종시 건설이나 착수 예정인 새만금개발 사업에 도입되었거나 도입될 예정이다.

● 경부고속철도 1단계 사업의 종합사업관리 자문계약방식

제4세대를 대표하게 될 CM 유형으로 프로그램관리방식 또는 종합사업관리 방식을 언급하였지만, 사실상 이러한 방식은 경부고속철도 1단계 사업에서 국내 최초로 도입된 바 있다. 이 사업의 공사는 2010년 10월에 준공되었지만 종합사업관리는 더 이른 2004년도에 종료되었다. 최초 도입 당시 용역의 성격은 자문계약 형태로 계약금액은 20백만 달러였는데 1997년도에 사업관리(PM) 지원으로 사업관리 범위가 넓어지면서 금액도 120백만 달러로 증가됐다. 처음 이 사업에서 종합사업관리 자문계약방식(program management advisory service)을 선택했던 이유는 발주자 조직의 불안정성과 경험 및 지식 부족에 의한 리스크 때문이었다. 즉, 원자력발전소 건설을 제외하면, 인프라 시설로서는 최초의 초대형 사업이었지만 발주자는 프로그램관리는 물론 프로젝트관리에도 지식이 부족했기 때문에 서비스범위와 계약금액에 대한 우려가 컸고 결국 외국 전문기관의 자문을 받아 프로그램관리방식을 진행하기로 했던 것이다. 동시에 국내에서 성공적으로 사업을 수행하고 있었던 원자력발전소 건설의 프로젝트관리방식을 벤치마킹했다. 또 국내 철도사업에 경험이 부족했던 외국회사의 약점을 보완하기 위해 원자력발전소 건설에서 사업관리를 수행하고 있던 국내회사를 프로그램관리 자문계약에 포함시켰다. 결과적으로 이 사업은 당초 계획했던 기간보다 98개월 정도 공기는 지연되었지만 전체 투자비는 공기지연으로 인한 간접비 증가를 제외하면 예상보다 증가폭이 낮았다.

● 인천국제공항1단계 사업의 종합사업관리지원방식

고속철도사업에 도입된 종합사업관리 자문계약을 벤치마킹하여 인천국제공항1단계 사업에도 같은 방식이 도입됐다. 인천국제공항사업의 종합사업관리방식에 대한 연구는 이미 1991년 9월에 시작되어, 같은 해 11월 발표된 연구 보고서에서 강력한 사업관리(PM)방식의 필요성이 제안되었다. 결국 이 사업에서는 '종합사업관리지원방식'(program management advisory service)을 선택했는데, 고속철도사업에서의 '자문서비스계약'에서 나타났던 약점을 보완한 결과였다. 인천국제공항사업은 한글과 국내법을 기반으로 한 사업이었으므로 원자력발전소 사업관리 경험을 가진 국내 회사를 주계약자로 하고 외국회사를 하도급자로 선정했다. 특이한 것은 이 사업에서 프로그램관리 지원서비스 방식, CM 방식, 책임감리방식 등 3가지 서로 다른 유형의 계약 형태가 동시에 도입되었다는 것이다. 다만 CM방식은 여객청사 시설에만 독립적으로 도입되어 2년 만에 종결되었는데, 종합사업관리 지원서비스의 업무범위와 중복되었다는 내부 평가가 있었기 때문이다. 종합사업관리 지원서비스계약은 발주자와 종합사업관리자가 별도 조직을 두지 않고 통합사무소(IPMO) 방식으로 운영되었고, 주요 포지션에 발주자와 용역자 소속의 인력을 가각 배치해 카운터파트 역할을 할 수 있도록 하는 한편, 각자의 역할은 엄격하게 구분하여 업무상 충돌이 생기지 않도록 하였다. 즉, 발주기관의 보직자는 내부 행정과 정부 행정업무에 대부분의 시간을 할애했으며, 종합사업관리 서비스는 행정업무로부터 독립하여 전적으로 사업관리에 전념하도록 했다. 발주자 카운트파트가 주요 의사 결정을 제대로 할 수 있도록 사업관리자가 전문지식을 제공하는 형태였다. 발주자는 발주자와 계약자라는 종속적인 관계를 없애기 위해 사업관리 보직자에게 발주자 카운트파트 조직 아래 직원을 평가 할 수 있는 권한까지 부여했다.

● 용산미군기 이전사업의 프로그램관리 컨설팅

고속철도사업이나 인천공항사업 이후 최대 용역 프로젝트를 꼽으라면 용산미군기지 이전사업을 들 수 있다. 이 사업에는 미국과 한국 정부가 동시에 관여되어 있었는데, 정부 협약에 따라 진행되는 사업이라는 점과 함께 양국의 국무와 국방부 등 4개 중앙정부가 개입되어 있는 것이 특징이었다. 현금과 현물이 양국정부간에 동원되는 복잡한 재원 조달 협약도 있었다. 미국 측의 이익을 대변하는 역할은 미군과 극동지역공병단이 담당하고, 우리나라는 국방부와 국방부 산하에 독립된 전담기구로 사업단을 구성하였는데 이처럼 다양한 주체가 혼재되어있는 특수성 때문에 강력한 프로그램관리의 필요성이 제기되었다. 2006년 10개월간의 수행된 종합사업관리방식 연구는 우리 측에 인천국제공항1단계 사업과 유사한 형태의 프로그램관리 지원방식을 권고했고, 미군 측에서는 강력한 프로그램관리의 리더십 발휘를 위해 일괄프로그램관리(Program Management at Risk) 방식을 제안했다. 결국 한국과 미국 측의 타협안으로 프로그램관리 컨설팅이라는 서비스 형태로 계약이 이뤄졌고 이 용역은 한미 간 컨소시움에 의해 수행되고 있다. 이외에도 이 사업에는 책임감리와 극동지역공병단의 감리 등이 함께 도입되어 독특한 관리

구조를 가지고 있다.

CM 서비스에 요구되는 역량

이렇게 짧다면 짧고 길다면 긴 세월 동안 CM 사업과 시장의 변화가 있었고 굵직한 대형 CM 사업이 존재했음에도 우리는 한국 건설에서 CM 혹은 PM 역량이 절대적으로 부족하다고 스스로 평가하고 있다. 동시에 지금의 역량으로는 글로벌 기업과 국제시장에서 경쟁하기 어려우며, 따라서 무엇보다 역량 개발이 우선이라는 점도 스스로 인식하고 있다. 그렇다면 그 역량은 어떻게 정의할 수 있을까?

PMI의 PMBOK에서는 사업관리의 목적이 사업의 특성을 관리하는 데 있다고 정의하고 있으며, 사업관리의 본질은 한시적(시간제약)인 사업에서 한정된 예산(투자비 제약)으로 발주자가 요구하는 품질을 맞추는 데 필요한 전문지식과 기술이라 정의하고 있다. 포괄적인 개념이긴 하지만, 여기서 얘기하고 있는 전문지식과 기술이 사업관리자, 또는 CM 회사의 역량을 나타내는 대표적인 키워드이다. 반면, 이 역량은 발주자의 평가에 의해 그 수준이 결정된다 할 수 있는데, 일반적으로 사업관리자에 대한 발주자의 평가는 공기, 예산, 품질, 안전과 같은 계량화된 지표에 근거한다. 또, 계량화된 성과 지표 외에 발주자의 만족도 혹은 기댓값도 CM 역량의 간접적 지표가 될 수 있는데, 여기에는 서비스 제공자의 신뢰성이 상당한 영향을 미치며, 이전의 실적과 경험 등의 검증된 사실이 가장 확실한 버팀목 역할을 한다. 발주자의 요구를 충족시키고 리드하는 전문지식과 기술을 기반으로 계량화된 역량은 물론, 과거 실적을 기반으로 한 신뢰성이 서비스 제공자의 가장 강력한 역량이자 경쟁 무기가 될 수 있다는 뜻이다.

발주자 입장에서 볼 때 CM 서비스 제공자의 역량을 실적과 경험을 통해 검증하는 것이 가장 확실한 방법이라 한다면, 역으로 CM 회사 입장에서는 서비스의 성공가능성을 높이고 그들의 역량 기반을 다지기 위해서는 소화 가능한 시장에서부터 시작하는 것이 필요하다. 그들의 역량에 맞는 사업에서부터 착실히 경험을 쌓고 성공사례를 늘여가야 한다. 회사의 역량을 홍보하는 것도 검증된 실적이 없으면 설득력을 얻기 어려우며, 설계·엔지니어링이나 시공 입찰에서 실적을 중시하는 것도 이런 이유 때문이다. 특히 CM 서비스 입찰에서는 수행한 사업 건수보다 서비스를 제공한 사업이 어떤 성과를 거뒀냐는 질적 평가가 양적 평가보다 우선하는 것에도 이유가 있다.

2.

발주자의 눈높이를 통해 본 CM 서비스와 역량

영국의 레이샴과 이건 경(卿)은 건설 산업에서 서비스 공급자의 서비스 수준이 주문자의 눈높이를 절대 넘어 서지 않는다고 주장했다. 서비스 공급자는 굳이 발주자가 원하는 이상의 서비스를 제공할 필요도 없고 그럴 의지도 없다는 뜻이다. 이 말은 CM 서비스에서도 예외일 수 없으며, 그렇다면 국내 CM 회사의 역량을 진단하기 위해서는 먼저 주문자(발주자)의 눈높이 파악이 먼저일 듯싶다. 따라서 이하에서는 몇 가지 실제 사례를 중심으로 국내 건설산업 주문자의 역량을 진단해보기로 한다.

제도에 가려진 발주자의 눈높이

앞서도 언급했지만, 국내 공공 및 민간 건설에서 사업관리는 이미 법과 제도 재정 이전부터 발주자의 필요성에 따라 도입되어 활용되고 있었다. '건설사업관리'라는 용어가 제도적 틀 안으로 들어온 것은

1996년 해당 업무가 건설산업기본법(이하 건산법)에 포함되면서 부터이다. 이때부터 건설사업관리 용어에 대한 정의 및 대상 범위를 건설공사(건산법에서는 건설사업이라는 용어 대신 건설공사라는 용어 사용)의 생애주기로 규정하고 건설사업관리자가 수행해야 할 기능과 역할은 발주자 역할의 전부 또는 일부로 정의해 놓았다. 건산법의 해석만을 놓고 보면 발주자 기능과 역할이 곧 건설사업관리로 해석된다. 하지만 건설기술관리법(현행 건설기술진흥법, 이하 건진법)에서 건설사업관리의 기능과 역할을 구체적으로 정립하면서부터 건설사업관리자의 역할을 발주자의 고유 역할과 구분해 명시하기 시작했다. 이 과정에서 건설사업관리자가 해야 할 여러 업무는 구체화 됐지만 그 외에 수행해야 할 발주자 역할은 정확하게 규정된 바 없고, 그 틈새는 발주자가 간과하여 아무것도 수행하지 않거나, 건설사업관리자의 부담으로 전가되는 모순이 발생한 것이다.

한편, 대가 산정 기준을 정립하는 과정에서 CM에게 책임감리보다 더 많은 용역비를 제공하려다 보니 그 개념이 '책임감리+알파'라는 식으로 인식되어버렸다. 결과적으로 건설사업관리자의 역할이 책임감리자의 역할을 단순 확장한 개념으로 규정돼버린 것이다. 여기서 짚고 넘어가야 할 것은, 책임감리제의 연장선에서 업무가 규정되다보니 CM 업무도 여전히 '검토 혹은 확인'에 중점을 두었으며 '계획 및 관리' 부문은 여전히 배제되었다는 것이다. 즉, 건설사업의 승패는 검토·확인보다 계획·관리에 의해 좌우된다는 점에서 국내 건설사업관리는 법과 제도 정립 단계에서부터 개선의 여지를 안고 있었던 것이다. 일례로 공정표를 작성하기 위해서는 '사업 및 공정계획 수립'이 우선인데, 공정관리를 '공정표 개발'이나 '공정 확인'으로 국한해 생각하는 것이 건진법의 시각이다. 머리(지식)가 빠지고 몸(기능)만 남겨져 있는 꼴이다. 사업 수행 전략 및 기획이 선행되어야 공정표를 개발 할 수 있는 데 머리로 해야 할 역할이 공백 상태로 되어 버린 것이다.

'계획·관리'는 사업에서 보면 앞 단계 업무에, '검토·확인' 업무는 후방 업무에 속한다. '계획·관리'가 수행 주체 당사자인데 반해 '검토·확인' 업무는 제3자 입장이다. 전문지식과 경험 차원에서 보면 '검토·확인'보다는 '계획·관리'에서 그 중요도가 훨씬 높은데, 여기서 국내 제도의 한계성이 드러난다. 이 업무에 대해 발주자가 직접 수행할 능력이 있다면 모를까, 발주자 업무를 대행해줄 CM 회사에게 이 업무를 요구하지 않는다면, CM 회사는 굳이 나서서 해당 업무를 수행할 필요도 없고, 그에 대한 역량을 개발할 필요도 없다.

제도와 관련해 발주자의 눈높이를 낮추는 또 다른 문제로, 법에서 요구하는 CM 회사의 평가기준을 들 수 있다. 즉, 건산법 혹은 건진법에서 요구하는 CM 회사 역량은 투입인력의 경험과 지식, 절차서 혹은 지침서, 절차서 기반 프로그램 등을 포함한 기업의 'CM 서비스 인프라 플랫폼'보다 '개인의 경험'에 더 많은 비중을 두고 있다. 개인의 지식과 경험도 그들이 가지고 있는 사업관리 역량보다 전통적인 생산기술(설계·엔지니어링 및 시공 등) 자격증 보유 여부에 의해 좌우된다. 건설사업관리 서비스에서 사업관리 전문성이 오히려 배제되는 모순된 상황이 발생하는 것이다. CM 서비스 역량 구축이 곧 더 많은 기술자격자의 양적 확보라는 인식을 야기하고 결과적으로 국내 대부분의 CM 서비스 기업들이 사업관리전문가보다 기술자격자를 우대하는 상황이 지속되고 있다. 이는 생산기능과 생산기획 및 관리 기능의 차이가 무시된 구조다.

사례를 통해 본 발주자의 눈높이

● 사례 A

이 사례는 2016년 6월에 입찰 공고된 철도공사와 연관된 예정가격 10억원 이하의 건설사업관리 용역으로, 발주자가 기대하는 요구사항은 무엇보다 CM 회사의 전문성이었다. 하지만 그 요구사항과 실제 업무 간에는 많은 차이가 발견되었다. 예를 들어, 발주자가 공정관리에서 CM 서비스 제공자에게 요구하는 기대 수준은 공정관리 기법과 형태, 조직, 그리고 시공자가 제출하는 공정표에 대한 검토가 전부이다. 기법과 형태, 공정관리 조직도 시공자가 제출하는 공정표 검토 및 확인을 위한 역할에 그칠 뿐이었다. 공정관리기술(scheduling technique)만 요구했지 기획 혹은 계획(process planning) 전문성은 요구하지 않는 것이다. 이는 국내 대형 국책사업이나 국제 입찰에서 요구하는 공정관리 시스템 및 인프라와는 전혀 다른 개념이다. 입찰안내서의 과업지시서에 명시된 입찰자의 요구 역량만으로는 전문성을 변별할 수 있는 방법이 없다. CM 회사는 건설사업관리 업무에 대한 당사자가 아니라 발주자와 시공계약자의 연결고리의 역할로만 한정되어 있는 셈이다. CM 서비스의 역량을 강화시키는데 앞장서야 할 법과 제도적 조치 때문에 오히려 공공공사를 위해 CM 서비스 제공자가 역량을 별도로 갖춰야 할 명분을 찾기 어렵게 된 사례이다.

● 사례 B

이 사례는 2015년 9월에 착공된 공공공사 CM 서비스 용역으로 계약금액이 90억원을 상회한다. 용역규모가 비교적 큰 사업이었지만, 계약서에 나타난 발주자의 요구 수준은 건진법에 명시된 CM의 기능과 역할을 그대로 따르고 있었다. 헌데, 당 사업은 용역계약 시점과 공사 착공 간 2~3년간의 공백이 있었고, 실제 수행되는 대부분의 업무는 건진법에 기반을 둔 계약 내용과 비교할 때 일부에만 해당하거나 직접적인 관계가 없는 사업 인·허가 지원, 설계와 시공 계획 및 간섭 조정 계획 수립 등 발주자의 일상적 역할을 대행하는 것이었다. 이처럼 계약서에 요구된 역할과 실제 수행 업무 간 상당한 거리가 존재하는 것은 법이 곧 계약으로 이해되는 국내 현실 때문이다. 따라서 CM 회사가 이해하는 발주자의 기대 수준도 법의 테두리 내일 수밖에 없다. 이처럼 글로벌 시장에서 요구하는 CM 회사의 역량 및 전문성과 국내 현실과는 상당한 괴리가 보인다. 공공발주자 만족을 위해서는 CM 회사가 보유한 사업관리 전문지식이나 경험보다 발주자와의 경험과 관계가 더 중요한 비중을 차지하게 되어 버리는 결과다. CM 회사가 역량을 갖추어 글로벌 시장으로 진출해야 한다는 정부나 산업계의 기대와는 상당한 거리가 발견되는 부분이다.

• 사례 C

국내 CM 시장에서 공공공사 수주액 규모로 10위 권 안에 있는 건축설계 중심의 CM 기업은 자체 서비스 역량을 경쟁력과 동일하게 인식하고 있으며 이를 곧 입찰경쟁의 핵심으로 이해하고 있다. 이 기업은 현장에 파견된 CM을 지원하기 위해 본사에서 표준화된 매뉴얼을 보유하고 있으며 이 매뉴얼은 건진법과 국토부에서 제시한 각종 지침서를 토대로 개발된 것이다. 또한 현장 및 계약조건에 따라 표준 매뉴얼을 사업단위로 편집하여 활용하는 체제를 갖추었으며 소속 직원의 자질을 향상시키는 수단으로 자체 내 교육보다는 법에서 요구하는 연차교육 기회를 최대한 활용해오고 있다. 해당 기업이 판단하는 CM과 책임감리의 차이는 계획 및 설계단계라 단언한다. 시공단계에 접어들면 책임감리와 CM서비스에 차이가 없다는 경험적 주장이다. 사업 초기에 계획 업무가 중요하다는 것을 잘 알고 있지만 대가와 무관하기 때문에 발주자에게 수동적으로 대응 할 수밖에 없음도 자인하고 있었다. 현실에서 느끼는 국내 CM 서비스의 최대 현안은 낮은 대가와 보수이며 특히 국내 공공공사에서는 CM 서비스 역량을 높여야 할 이유나 명분이 없다고 한다. 그럼에도 불구하고 해외시장 진출은 필수적이며 이를 위해서는 전문지식을 높여야 하고 경험을 쌓아야 하며 CM 서비스 인프라를 반드시 갖춰야 한다고 주장한다. 이 기업의 가장 큰 고민은 국내 CM 회사와 선진국 회사를 비교할 때 역량수준은 물론이고 제공하고 있는 서비스 범위에도 분명 차이가 나지만, 역량을 강화하고 따라잡기 위해 어디서부터 시작해야 할지를 모르겠다는 것이다.

● 사례 D

도로와 철도 등 육상교통부문에서 국내 10위권 기업이 바라보는 CM 서비스 경쟁력에 대해 이야기해 보자. 해당기업은 국내시장보다 해외시장 진출에 더 큰 비중을 두고 있으며 이 기업이 판단하고 있는 CM의 경쟁력은 곧 국제입찰에 참여 할 수 있는 기반 역량이다. 특히 이 기업은 국제 입찰에서 요구하는 전문가를 국적 불문하고 동원 할 수 있는 네트워크를 구축하고 있다는 데에 큰 자신감을 가지고 있으며, 국제 입찰에 필요한 CM 혹은 PM 전문 인력은 지불 할 수 있는 자금 여력만 있다면 얼마든지 가능하다는 판단을 하고 있다. 국제 입찰 참가조건을 만족시키기 위해 국내 CM실적은 해당 진출국의 대사관을 통해 공증을 받을 수 있기 때문에 별 다른 문제점을 인식하지 못하고 있었다. 해당 기업이 진출하고자 하는 국가는 대부분 신흥국 시장으로 선진국에서 보는 잣대와는 차이가 있다. 하지만 해당기업은 미국이나 영국 등 전통적으로 CM 역량이 높은 국가군의 기업과 차이는 기술력보다 글로벌 언어(해당 기업은 영어가 곧 글로벌 언어로 인식) 구사력에 있을 뿐이라 주장하며, 국내 CM 시장이 요구하는 CM 서비스 인프라는 갖추고 있지 않고 있는데 이는 국내 CM 시장은 매력이 없다는 판단 때문이다. 따라서 굳이 국내 CM 시장 진출을 위해 별도의 노력은 필요하지 않다고 판단하는 것 같다. 다만 국제 시장에서 경쟁력을 높이기 위해서 정부 혹은 공공기관이 필요한 서비스 인프라 플랫폼을 제공해주기를 기대하고 있다. 개별 기업이 별도로 서비스 인프라를 구축하는 데는 너무 많은 예산이 투입되어야 하고 또 성공할 가능성도 없다는 이유에서다. 해외 시장 진출은 국부로 돌아오기 때문에 정부가 R&D 예산을 투입하여 서비스 인프라를 구축하고 이를 민간 기업에 제공하는 것이 당연하다는 논리이다.

● 사례 E

다음은 플랜트엔지니어링 기반인 국내 엔지니어링 업체가 진단하는 역량 및 경쟁력 사례이다. 해당기업에서는 프로젝트의 수행 가능 여부를 CM사업의 역량을 판단하는 절대적 잣대로 인식하고 있다. 그리고 경쟁력의 기준은 입찰단계부터 프로젝트 수행 과정까지 발주자로부터 얻는 신뢰도라 인식하고 있으며, 서비스 인프라의 수준은 경험 자료 축적과 절차서 및 절차서에 있는 프로세스가 그대로 반영된 자체 SW 역량에 의해 결정된다고 주장한다. 입찰참가자격을 얻기 위해서는 실적은 물론 발주자에게 보여 줄 수 있는 서비스 플랫폼과 인프라가 구축되어야 한다고 생각하고 있으며, 입찰경쟁력의 경우, 기술력에서는 경쟁업체들과 차이가 없지만 인건비에서 그들보다 불리하다는 판단을 하고 있다. 동일한 서비스를 제공하는데 있어 해당기업의 인건비가 너무 높아 경쟁력을 확보하기 어렵다는 것이다. 기술 경쟁만으로 CM 회사를 선정한다면 충분히 승산이 있다는 판단을 하고 있는데, 실제 해당 기업은 2016년 7월 선진 기업들과 국제입찰(발주예정가격 약 2천5백억원) 경쟁에서 3개국(한국/영국/프랑스) 컨소시움을 구성하여 수주(30% 지분)에 성공한 바 있다. 발주기관에서 가격보다 해당 기업 및 컨소시움이 보유한 실적과 서비스 인프라 수준을 높게 평가했기 때문으로 해석하고 있다. 만약 기술력보다 가격이 주요 변수였다면 3개국 컨소시움이 낙찰자로 선정되지 못했을 것이라는 게 해당 기업의 판단이다.

이외에 CM방식이 도입된 실제 공사 현장을 방문하여 인터뷰를 실시해본 결과, 업체별로 공급자 역량에 대한 인식 차이가 큰 것으로 나타났다. 경험이 많고 규모가 큰 CM 회사일수록 인프라나 시스템보다 사람의 경험과 지식이 훨씬 중요하다고 생각하는 경향이 있는 반면, 경험이 적은 신생 기업일수록 체계화된 매뉴얼과 같은 본사의 지원 시스템을 주된 역량으로 꼽는 경우가 많았다. 하지만 전자와 후자 공통적으로 해외시장에서는 개인의 경험이나 지식보다 사업 인프라와 본사 지원시스템이 중요하다는 사실에는 공감하는 것으로 나타났다. 또 기업의 규모를 막론하고 내수시장과 해외시장을 비교할 때 발주자가 요구하는 서비스의 질적 차이가 분명히 존재하고 있음을 인지하고 있었다.

3. 글로벌 CM 서비스 공급자의 서비스 인프라와 역량

해외 선진 CM 회사와의 차이점

해외 선진기업과 한국 건설의 경쟁력을 비교할 때 설계·엔지니어링과 프로젝트관리(PM) 역량의 부족은 오랫동안 고질적인 문제점으로 지적되어왔다. 하지만 안타깝게도 이러한 문제를 알면서도 해결하지 못하고 있다. 선진기업으로 대변되는 대표적인 글로벌 CM 회사들은 다양한 서비스를 전문적으로 수행하기 위한 수단으로 기업 내 서비스 인프라를 갖추고 있다. 하지만 글로벌 회사가 가진 CM 서비스 인프라를 벤치마킹하고 뒤쫓아 가야 할 국내 회사들은 그것이 무엇인지 조차 제대로 파악하지 못하고 있다. 서비스 인프라를 외부에 공개하지 않는 이유도 있지만 이에 대한 국내 CM 회사들의 관심이 상대적으로 낮은 것도 이유다. 국내 기업과 글로벌 기업 간 서비스 인프라의 차이는 과연 무엇일까?

글로벌 CM 회사들에게 있어 공통적으로 눈에 띄는 부문은 기업 포트폴리오가 다양하다는 점이다. 선진 기업일수록 CM이나 PM 등 건설시장에서 순수하게 컨설팅 업무만 전담하는 경우는 드물며, 설계·엔지니어링, 시공을 모두 포함한 생산 기능과 관련 전문지식 및 경험을 두루 보유하고 있다. 신시장 개척도 활발하게 진행하고 있으면서 건설사업의 각 단계별 전문분야에 걸쳐 상당한 매출을 달성하고 있다. 한마디로 순수한 CM 용역만 하는 회사가 아니라는 것이다. 설계·엔지니어링 중심의 회사인지, 혹은 시공 중심의 회사인지에 따라 CM과 PM부문의 매출 비중에 차이가 있기는 하지만, 소위 말하는 일괄서비스 혹은 포괄적 서비스(total service provider) 역량을 갖추고 있다는 공통적인 특징을 발견할 수 있다.

국내에서 선진기업이나 선진 국가와 경쟁력을 벤치마킹 하면서 간과해오던 부문이 있다. 바로 경쟁력을 뒷받침하는 기술과 경영 인프라 등의 '서비스 인프라'다. 기술과 경영 인프라는 내부를 들여다보지 않으면 보이지 않는 일종의 '그림자(shadow)'다. 국내에서는 보이는 부문, 즉 매출액이나 수주액, 보유인력, 기업과 개인의 역량만을 중시하지만, 이 '보이는 경쟁력'은 보이지 않는 기술과 경영 인프라가 좌우한다. 인프라 차이가 곧 공급자의 경쟁력을 좌우하는 핵심이라고 한다면 결코 간과할 수는 없는 부분임에도 국내 공급자들은 글로벌 공급자의 서비스 인프라를 제대로 파악하고 있지 못하거나 파악하려는 노력도 보이지 않는다. 글로벌 공급자의 수준을 판단하는 기준은 매출액이나 수주액이 아니다. 수익성이 있거나 위험부담이 높은 사업을 선별하여 스스로 참여 여부를 결정 할 수 있는 능력을 가진 공급자가 글로벌 수준의 기업이다. 또한 매출액 중 해외 비중도 일정 분을 유지하는 게 보편적이다. 상당수 수준 높은 글로벌 CM 회사들의 수명이 50년 이상을 넘길 수 있었던 이유는 기업 생존과 성장을 지지하는 버팀목 혹은 중추(back bone)로서 기술과 경영 인프라를 지속적으로 갖추어 왔기 때문이다.

CM 서비스 역량으로서의 서비스 인프라

글로벌 CM 회사의 시장 경쟁력을 좌우하는 서비스 인프라는 설계·엔지니어링 및 시공 등의 '기술부문', 사업을 기획하고 관리하는 '프로젝트관리 부문', 기업 경영과 인력과 자금을 총괄하는 '영업부문', 그리고 지식과 정보를 다루는 '지식부문' 등으로 구분할 수 있다. CM 서비스의 수준과 역량은 바로 각 부문별 서비스 인프라의 체계와 운영방법, 그리고 전문인력에 따라 좌우된다.

● 기술부문의 서비스 인프라

먼저 설계·엔지니어링 및 시공 등, 기술부문에서 경쟁력을 뒷받침하는 인프라에는 전문가(specialist)그룹과 기술(technology)기획, 그리고 프로세스 지원 시스템이 중심이 된다. 글로벌 회사의 경우 보유 인력의 5~10%를 전문가 그룹으로 본사에 배치하고 이 그룹은 개별 사업과 무관하게 본사에서 일종의 풀(Pool)을 갖추어 운영된다. 기술기획과 프로세스를 지원하는 시스템에는 사업절차서와 기술 부서별 절차서, 그리고 핵심기술에 대해 정립된 표본 수행 교본 등이 있으며, 보유 인력의 질적인 역량 향상과 기술의 완성도를 높이기 위해 다양한 교육 프로그램을 운영한다. 교육에 관한 한 자체 교육과목이 작게는 수 천 개에서 수 만

개에 이를 정도로 다양하다. 또 이들은 프로젝트 수행 과정에서 얻은 교훈과 실패, 그리고 특별한 경험 등을 체계적으로 정리하여 개별 프로젝트에서 참고가 가능하도록 데이터베이스를 구축하고 있다. 일종의 네비게이터 역할을 위한 기반이라 볼 수 있다. 국내 CM 회사들의 경우, 개인의 경험이 본부로 피드백 되어 지식화 되고 공유되는 시스템이 대부분 회사 혹은 본부 차원보다 부서나 팀 단위로 운영되고 있다. 더욱이 이러한 지식의 축적이 시스템적으로 의무화되어 있기보다 개인의 역량과 행동양식에 좌우된다는 점에서 차이가 있다.

● 프로젝트관리 부문의 서비스 인프라

글로벌 CM 서비스 공급자들이 세계 사업관리 시장에서 높은 인지도를 가지고 유지하는 또 다른 비결은 각 사업에서 활용 가능한 프로젝트 관리체계(PMS)와 전문가 집단의 확보이다. 본사에 있는 PMS는 개별 사업의 플랫폼 역할을 한다. 예를 들어 공정관리 분야를 살펴보면 공정관리를 위한 표준 체계는 물론 사업 군별 표준화된 공정표를 보유하고 있는 식이다. 사업 환경과 고객 요구에 따라 수정하거나 보완하는 체계로 사업기획단계에서부터 준공 시 까지 활용된다. 이는 글로벌 회사들이 개별 프로젝트마다 사업관리시스템 구축이라는 용어를 사용하지 않는 이유이기도 하다. 이에 비해 국내 회사의 경우 토목과 건축, 플랜트본부별 별도의 사업관리체계나 공정관리팀을 운영하고 있다. 본부의 공정관리부서는 플랫폼이나 전문가 집단 기반의 지원이 아닌 단순한 인력 지원이나 현황 분석 수준에 머물러 있다. 내부시스템과 전문가집단에 대한 신뢰도 및 활용도가 글로벌 회사에 비해 낮은 편이다.

● 영업부문의 서비스 인프라

기업의 경영과 전략을 총괄하고 운영 자금은 물론 사업금융을 관리하는 경영지원 인프라의 수준도 막강하다. 최고책임자의 경영전략이나 각국에서 벌어지고 있는 사업을 지원해주는 경영위원회의 파워는 글로벌 회사의 수주나 사업개발에 절대적인 힘을 발휘하고 있다. 국제금융과 사업금융 전문가 집단, 그리고 시장 및 상품을 기획하고 개발하는 전문가 집단 등도 상당한 수준이다. 전문가 집단의 인력은 개별 사업단위로 할당하기보다 회사 차원에서 전문인력 Pool을 갖추어 활용하고 외부 전문가집단과도 긴밀한 네트워크를 갖추고 있다. 반면, 국내 회사들의 경우, 집단보다는 소수의 개인 전문성 위주로 운영되고 있으며 경영의 자율성은 최고책임자로부터 영향을 받고 있어 과감한 도전이 어려운게 현실이다. 기술보다 재무 안정성을 중시하는 경향이 높아 글로벌 시장에서 상시 발생하는 위기 대응과 신시장, 신사업 도전에 한계를 가지고 있다.

● 지식부문의 서비스 인프라

국가나 산업에서 다양한 두뇌집단과 전 세계에서 수집된 정보를 가공하여 활용 가능한 형태로 상품화시키는 지식 인프라도 무시할 수 없다. 기업과 직접적인 관련이 없음에도 불구하고 시장과 상품의 동향이나 도전 가능한 시장을 선택하는 데 결정적인 참고 자료로 활용될 수 있는 기반이 광범위하게 구축되어 있다. 글로벌 회사는 수집되거나 구매한 정보를 자체에서 분석 할 수 있는 연구 및 분석 집단이 있는 반면 국내 회사의 경우 지불한 정보를 해석하는 역할을 외부 컨설팅기관에 다시 의

뢰하는 프로세스를 거치고 있다는 점은 돈과 시간 측면에서 불리하다.

한국건설은 성장 과정에서 '복제와 모방'에 익숙해 있었지만, 이제 선진기업 추종자로서 이룰 수 있는 수준은 한계에 다다랐다. 업계와 전문가들이 이러한 인식은 하고 있었지만 대응책은 제대로 마련하지 못했다. 세계시장에서 요행은 없다. 철저한 준비와 실천이 있을 뿐이다. 한국건설은 추종자에서 선도자(first mover)로 나서야 하며, 이를 위해서는 시장을 보는 눈과 보이는 것을 해석하는 지식과 지혜, 그리고 미래를 예측하는 혜안이 필요하다. 보이지 않는 CM 서비스 인프라는 정부는 물론 기업차원에서 조차 아직 구축이나 개발해 본 경험이 없었다. 하지만 경험이나 지식이 없다는 이유로 방치 할 수는 있는 선택 사항도 아니다. 생존을 위해 가야 할 길이라면 한시라도 빨리 역량을 갖추어야 할 부분이다.

글로벌 CM 회사의 서비스 역량 강화 사례 [4)]

세계 건설시장에서 CM서비스 공급 역량이 뛰어난 기업들의 경우, 그들의 역량을 강화시켜 가는 전략은 무엇일까 앞서 서비스 인프라에서도 살펴봤듯이 각 기업마다 출발점은 다르더라도 여기에는 몇 가지 공통점이 존재한다. 국내 CM 회사들이 글로벌 시장을 지향하는 한 이들 기업과 경쟁하거나 혹은 협력 할 수밖에 없는 상황이므로 그들의 역량

4) Construction Intelligence Center, CIC(2016), Global Company Module에서 일부 발췌 및 각 기업의 연차보고서 인용

강화 전략을 몇 가지 사례를 통해 벤치마킹 해보기로 한다.

- **AECOM**

AECOM은 전 세계 설계·엔지니어링 기업 중 매출액 기준 5위(2014년 기준으로는 1위)에 해당하는 미국 기업으로 1990년에 기술 컨설팅 전문회사 5개사를 통합하여 설립되었다. 1991년도에는 상시근무자가 3,300명에 매출액도 약 4억불에 불과했지만 25년이 지난 2015년도에는 매출액 180억불, 상시근무자는 92,000명으로 성장했다. 특히 최근 몇 년간 괄목할만한 성장을 이루어 2011년도에만 해도 매출액이 80억불에 불과했지만 4년이 경과한 시점에서 150개국에서 사업을 펼치는 세계적인 기업으로 성장했다. 매출액과 상시근무자가 급증했던 배경으로 2014년도 미국 URS사와의 기업합병을 들 수 있다. URS는 2007년 미국 시장에서 매출액 기준 5위에 오를 만큼 덩치가 큰 회사로 AECOM사는 취약했던 공공부문의 영업력과 민간투자사업(PPP) 사업 역량을 강화시키고자 인수합병을 추진했다. AECOM사의 사업 부문은 크게 3개 부문으로 구성되어 있다. 설계·엔지니어링컨설팅(DCS)부문, 공사(CS)부문, 그리고 CM서비스를 포함한 경영컨설팅과 자산관리(MS)부문이다. AECOM사의 강점은 만능해결사(total solution provider) 역할, 설계·엔지니어링 경쟁력(전체 매출액의 44%)과 막대한 수주잔고 보유다. 다만, 공공부문의 수주잔고가 많음에도 불구하고 공공부분에 지나치게 의존(매출액의 50%)하는 게 약점이라는 것이 자체 지적이다. 이 기업은 시공부문의 매출액 증가와 미국 내 노후화된 수자원 인프라에 대한 투자확대, 고속철도 건설투자 등을 앞으로의 성장 기회로 보고 있다. 반면, 세계 150개국에 진출하고 있는 등, 지나친 확장성 때문에 환률 리스크에 노출될 수 있고, 이것이 이 회사의 경영을 위협하는 요인으로 지적되고 있다. 하도급에 지나치게 의존하고 있다는 점과 글로벌 기업 간 경쟁이 갈수록 치열해지고 있다는 점도 극복해야 할 위협 요소이다.

- **Worley Parsons(WP)**

호주 국적의 이 회사는 광산 및 자원개발을 전문으로 하는 하드웨어 중심 기업으로 1976년 설립됐다. 2015년 기준 매출액이 58억불, 상시 근무자가 24,500명에 달하며, 42개국에 118개 사무소를 운영하고 있다. 주요 사업 분야는 에너지와 자원개발, 산업 플랜트 등 주로 에너지와 연관된 사업과 인프라 건설이 대부분이다. 만능해결사 역할을 지향하지만 집중하는 사업 영역은 설계·엔지니어링과 조달관리, 그리고 CM 서비스 등 소프트 역량이 중심을 이루고 있고 스스로를 컨설팅 전문기업으로 분류하고 있다. WP사는 강점으로 경영체계가 글로벌화되어 있다는 점을 내세운다. 풍부한 수주잔고와 시장이 42개국에 분산되어 있어 경제 부침을 피해 갈 수 있다는 점 역시 장점이지만, 투자개발형 사업에 대한 막대한 투자로 유동성 자산이 감소하고 있는 게 약점으로 지적되고 있다. 또 성장 잠재력에서는 세계적인 추세가 투자비 절감 기술을 요구하고 있어 이 기업이 큰 수혜자가 될 가능성이 높지만, 유가하락으로 인해 석유 및 가스 등 전통적인 에너지설비 투자가 감소되는 추세여서 주력 시장의 파이가 줄어들면 성장성이 정체될 위험성도 안고 있다. 시장성이 있는 부문에서 경쟁이 극심해지고 있다는 점도 WP사업의 주력 시장 고수에 큰 부담으로 작용하고 있다.

- **WSP Global**

WSP는 2015년 매출액 기준으로 설계·엔지니어링 부문에서 세계 1위를 차지한 회사다. 불과 5년 전에만 해도 국내는 물론 국제시장에서도 생소한 기업이었지만, 2014년 130년의 기업 역사를 가진 미국적의 'Parsons Binckerhoff(PB)'사를 인수합병하면서 급성장했다. 미국과 영국, 그리고 캐나다 지역을 주력 시장으로 하고 있고 상시근무자는 34,000명, 작년도 매출액은 47억불을 달성했으며 40개국에 500개 사무소를 운영하고 있다. 사업 부문은 4개로 부동산 및 자산관리(매출 비중 31%), 교통 인프라(47%), 산업 및 에너지플랜트(15%), 그리고 환경(7%)으로 나뉜다. 부동산 및 자산관리 서비스는 만능해결사 역할로 생애주기 전체를 대상으로 한다. 교통 인프라 부문은 PB사가 강했던 분야로 사업 전략과 타당성 검토, 설계·엔지니어링 및 CM서비스 등 소프트웨어 시장 영역에 집중하고 있다. 에너지 플랜트 연관된 인프라 사업에서는 사업발굴과 타당성 검토, 그리고 초기 엔지니어링 등 컨설팅 부문이 주력 상품이다. 환경관리 역시 환경영향 평가 및 관리 등 컨설팅 중심이다. WSP는 전 세계 시장을 4개의 거점으로 분할하여 관리하고 있는데, 유럽과 중동 지역이 전체 매출 비중의 70% 이상을 차지하며 잠재 시장으로 인도와 아프리카를 지목하고 있다. 아시아·태평양 지역 시장은 매출 비중이 20% 이하에 머물러 있다. 이 기업이 내세우는 최대 강점은 시장 다각화와 상품 다양화에 있다. PB사와의 합병을 통해 인지도가 급상승했고 최근 새로운 시장으로 남미권을 겨냥하여 현지 기업을 인수하기 시작했다. 이 회사는 이처럼 단기간에 현지 역량을 키우는 전략으로 M&A방식을 택하고 있는데, 다만 급성장하는 과정에서 겪고 있는 안전

사고 증가와 경쟁 기업에 비해 유동성 자금력이 떨어지고 있는 현상이 약점으로 꼽힌다. 시장 다각화로 인한 환률 리스크와 글로벌 시장에서 새로운 경쟁자가 늘어나 경쟁 환경이 악화되고 있는 것도 성장의 위협 요소로 지목되고 있다.

이상의 사례들을 살펴보면 글로벌 기업들의 경쟁력 강화 전략에는 몇 가지 공통점이 있다. 그중 가장 두드러지는 것이 회사의 역량을 기업 안에서 자체적으로 키우기보다 M&A방식을 통해 강화하고 있다는 점이다. 환경 및 기술이 급변하는 세계에서 자체적으로 기술력 강화를 할 시간적 여력이 절대적으로 부족하기 때문이다. 시장 다각화를 위해서도 현지 기업을 M&A하는 전략을 사용하고 있는 공통점도 보인다. 이 과정에서 가장 눈에 띄는 대목이 순수혈통이 아닌 다국적 경영이 기본이라는 점이다. 순수하게 CM 서비스만으로는 세계적인 기업이 될 수 없고 만능해결사 역할이 요구되고 있어 발주자 및 시장이 요구하는 서비스 역량 강화가 불가피하다는 것도 벤치마킹을 통해 확인 할 수 있는 부문이다. 글로벌기업의 또 다른 공통점은 자기 기업의 강점과 약점, 성장 기회와 위협 요소를 수시로 확인하고 있다는 것이다. 자신의 위치를 상시적으로 파악하여 생존과 성장을 위한 전략을 끊임없이 개정 및 보완해가고 있다는 것은 국내 기업들이 배워야 할 점이다. 연간 단위 계획보다 3~5년 단위로 비전과 전략을 수립하고 유지하는 경영 철학 역시 국내 기업들이 주목해야 할 부문이다. 국내에서처럼 단기성과에 매달리는 경영 평가와는 큰 차이가 난다. 글로벌 기업이지만 경쟁 환경이 시간이 흐를수록 악화되고 있는 점을 최대 위협 요소로 인식하고 있으며, 시장

부침에 대응하는 전략으로 시장 다각화와 상품 다양화를 끊임없이 추구해가면서 M&A를 통해 덩치를 키워가고 있다.

4.

CM 서비스 공급자의 역량 강화

국내 CM시장의 변화와 글로벌화

CM 회사의 생존과 지속가능한 성장을 위해서는 내수 시장을 전문적으로 해야 할지, 또는 글로벌 시장에 진출해야 할지 양단간에 선택이 필수적이다. 다만 내수 시장 전문 회사로 생존하기엔 분명 과거와는 다른 접근 방법과 역량 혁신이 필요하다. 한국건설을 총괄하는 주무부처인 국토부가 내놓기 시작한 정책과 제도의 방향이 과거와는 다르기 때문이다. 내수 시장만으로는 한국건설이 생존하기 어렵다는 사실을 정부나 산업이 공통적으로 공감하고 있다. 과거에는 기업의 세계 시장 진출 여부는 선택이라 믿었다. 이는 내수 시장의 물량이 버티고 있었기에 가능했다. 물론 내수 시장이 완전히 고갈되어 있는 것은 아니지만, 건설 산업 전체를 유지하기 위한 물량을 단기간에 기대할 수 없고 또 시장의 성격이 과거와는 완전히 다른 패턴으로 나타나는 것이 문제이다.

국토부가 내놓기 시작한 정책과 제도의 변화는 국내 건설 생태계를 완전히 새롭게 만들만큼 파급 효과가 클 것으로 예상된다. 먼저 정책과 제도를 글로벌 시장에 맞게 개편하겠다는 정부의 의지가 강력하고 이를 위해 법까지 바꾸겠다는 내용을 발표했다. 대한민국 정부 수립이후 국내 건설산업의 생태계 기반을 만들었던 건설산업기본법과 건설기술진흥법을 통합하겠다는 것이다. 이와 같은 국토부의 강력한 의지가 성공할 수 있을지 여부는 불확실하지만 성공 여부와 관계없이 내수 시장의 한계를 인식했다는 점, 한국건설의 생태계가 과거와 같은 방식으로는 더 이상 유지 될 수 없다는 사실은 확실해 보인다.

국내 정책과 제도의 글로벌화가 불가피하고 내수와 글로벌 시장에서 경쟁하는 게임의 룰이 달라서는 한국 건설이 생존하기 힘들다는 판단에 누구도 반대하기 어렵게 되었다. 그렇다면 CM 회사에게도 법과 제도의 글로벌화, 그리고 시장 경계선의 붕괴라는 변화 앞에서 지금까지와는 다른 서비스 공급 인프라 구축이 불가피하다는 인식이 필수적이다. 법과 제도가 요구하는 최소 기준만 충족시키면 생존이 가능했던 환경이 완전히 변하게 될 것이고, 획일화 되고 평준화 된 시장에서 법이 요구하는 최소 기준만 만족시키면 가능했던 게임의 룰이 더 이상 지속가능하지 않게 될 것이다. 수동적인 개인 역량 중심의 체제에서 능동적, 시스템 중심의 체제로 무게추가 이동하고, 산업의 평균 눈높이가 아닌 개별 사업과 발주자가 요구하는 수준 이상의 서비스 공급 역량을 갖춰야 하는 세상으로 변하게 된다. 내수시장에서 관습화된 공존공생에서 글로벌 시장에서 각자도생으로 가야 할 상황에 직면하게 된 것이다. 이러한 환경변화를 해결할 수 있는 정답은 어디에도 없다. 다만, 수요와 수준, 그리고 사업 환경을 관리할 리더십 강화가 필수이며 CM 서비스에서 발주자와 사업 참여주체들을 리드하기 위해서는 시스템과 강력한 서비스 플랫폼 구축이 이제는 선택이 아닌 필수가 되어야 할 것 같다. 물론 서비스 인프라와 플랫폼 없이도 생존 가능한 시장이 있다. 감리나 품질검사 대행, 기술 자문 등 극히 제한된 시장은 분명 존재한다. 그러나 이 시장은 너무 좁고 경쟁이 아닌 운찰제로 갈 수밖에 없는 한계가 있다.

CM 서비스 역량강화의 기본 전략

이상에서 살펴본 국내 시장의 변화에 대응하고 나아가 글로벌 시장에서 생존하기 위한 CM 회사의 역량 강화 전략을 정리해보면 다음과 같다.

● **공공발주기관의 역할과 책임 변화를 읽고 대비하라.**

국내 산업 생태계의 변화 흐름에서 가장 눈에 띄는 부문은 생산체계의 변화로, 일반건설에서 전문건설로 이어지는 전통적인 원·하도급 구주에서 일반과 전문업체가 수평으로 참여하는 주계약자형 공동도급으로 무게 중심의 이동이 예상된다. 여기에는 배타적 업역의 폐지가 수반될 것이며, 설계와 엔지니어링, 설계와 시공, 일반과 전문건설 등 업역의 울타리가 붕괴되면서 발주자의 기능과 역할, 그리고 책임이 확대 될 수밖에 없다. 발주자의 발주방식은 물론 사업관리방식에 대한 선택권을 보장하겠다는 정부의 의도가 이런 추세를 뒷받침하고 있으며, 재량권을 보장하는 만큼 발주자의 책임도 동시에 강화시키겠다는 뜻이 숨어있는 것으로 풀이된다. 그렇다면 공공 발주자는 자신의 역량 강화와 책임을 완수하기 위해서 지금까지와는 다른 CM 서비스 공급 형태를 요구하게 될 것임이 분명해진다.

● 공급자의 인식 혁신이 필수다.

CM 회사는 법과 제도를 계약조건과 동격으로 인식하는 관행을 버려야 하고 죽어야 살 수 있다는 각오를 필요로 할 만큼 혁신적이어야 한다. 내수 시장으로는 생존할 수 없고, 있는 시장마저 글로벌화로 가기 때문에 인식 변화에는 선택의 여지가 없음을 인정해야 한다. 국내 제도에 익숙해져 버린 수동적 태도를 버릴수록 생존 가능성이 높아진다. 사업에서 요구되는 환경을 먼저 파악 한 후 발주자에게 어떤 서비스를 어떻게 해 줄 것인지를 제시할 적극적인 태도와 인식이 필요하다.

● 서비스 인프라 구축과 함께 강력한 플랫폼을 구축해야 한다.

내수 시장에서 제도 만족을 위한 PQ용 인력 채용에 의존하는 형태로는 시장이 요구하는 역량을 만족시킬 수 없다. 서비스 제공을 위해 요구되는 인재가 아닌, 상황에 따라 사업 기간에 한시적으로 채용하는 현장 채용 인력만으로는 변화하는 시장에서 생존하기 어렵다. 물론 국내나 해외에서 현지 인력 채용은 불가피하다. 그렇더라도 채용된 인력이 사용 할 수 있는 특화된 서비스 인프라가 구축되어 있어야 한다. 개인 역량에 의존하는 것으로는 지속가능한 생존이 불가능하다는 뜻이다. 또 서비스 인프라가 구축되어 있어도 본사에 강력한 전문기술 지원 체계 플랫폼이 없으면 인프라 활용이 개인 선호도나 역량에 좌우되기 때문에 아무런 도움이 되지 못한다.

● 발주자에게 대가를 요구하기 전에 CM 서비스의 품질과 성능을 높여야 한다.

CM 서비스는 설계나 시공과 같이 확정고정금액(firm fixed price) 계약이 불가능하다. 발주자의 주문이나 사업 상황에 따라 서비스의 범위와 수준이 사업 수행 기간 중에도 수시로 변하는 것이 전 세계 공통적인 현상이다. 발주자의 만족도에 따라 일회성 계약이 아닌 상시 계약으로 변할 수 있는 가능성도 높다. 선진국 글로벌 회사들의 매출 비중에서 단골 고객으로부터의 수주 비중이 60% 이상이라는 통계가 이를 잘 설명해주고 있다. 발주자 만족도는 고정된 시장을 만들어 줄 뿐만 아니라 서비스에 상응하는 대가를 지급해 줄 가능성이 높다. 물론 국가별 공공과 민간 시장의 특성은 다르지만, 민간 시장으로 갈수록 발주자의 자유로운 선택이 가능해진다. 입소문을 탄 식당이 진정한 맛집이고 이런 식당에 고객이 자발적으로 찾아온다는 당연한 진리가 CM 서비스 시장에서도 다를 리 없다.

● 내수 시장의 변화 흐름을 파악하고 대응 준비를 서둘러야 한다.

공공재정이 부족한 정부가 선택 가능한 대안은 많지 않으며 결국 민간자본 활용방식으로 갈 수밖에 없다. 정부 관련 기관들이 재정운용계획 구상을 여러 차례 반복하여 발표하고 있지만 이를 들여다보면 민간투자 사업방식 확대가 불가피 해 보인다. 해외 시장과 달리 내수시장에서는 전통적으로 건설기업이 투자자(CI)로 나서는 대출형 사업이 민간투자 시장을 주도해왔다. 그러나 앞으로는 내수 시장에서도 해외시장과 같이 금융기관이나 투자기관(FI)이 주도하게 될 것이며, 투자기관이 주도하는 시장에서는 CM 서비스 범위와 역량이 전혀 다른 형태로 전개된다. 또한 금융투자기관은 일회성 발주자가 아닐 가능성이 높고 건설에 대한 전문성이 없기 때문에 CM 서비스 제공자는 발주자의 수요를 앞서 해석해 가는 준비가 필요하다. 재건축이나 재개발 시장이 요구하는 수요도 달라지고 있음을 인지하고 준비해야 한다. 소득 향상으로 높아진 주민들의 눈높이는 재건축, 재개발조합에 일방적으로 의존했던 과거의 방식과는 전혀 다른 형태로 나타나고 있다. 투명하면서도 입주민들에게 최대한의 가치를 제공할 수 있는 서비스를 요구하고 있다. 때문에 향후에는 제도적인 틀에서 요구했던 한시적 공공관리자의 역할을 넘어서 수요 발굴에서부터 입주까지 일괄적으로 통합관리하는 회사, 즉, 'total solution provider(만능해결사)'를 요구하게 될 것이다.

● **경쟁하고자 하는 상대자의 폭을 넓히고 다양화 시켜라.**

내수 시장에서 표준화된 국내기업을 경쟁자로 보는 시각에서 글로벌 시장으로 시야를 넓혀야 한다. 단, 경쟁 기업을 반드시 국내에 너무 잘 알려진 글로벌 톱 기업을 대상으로 할 필요는 없다. 집중하려는 국가와 시장에 따라 경쟁 할 수 있는 수준과 역량에는 상당한 차이가 있다. 세상에는 글로벌 기업만 존재하는 것은 아니다. 경쟁하는 무대만 다를 뿐이다. 시장과 발주자 발굴은 개별 기업의 몫임에 틀림없지만 성장과정에는 단계가 필요하다. 회사의 현재 역량으로 도전 가능한 시장은 얼마든지 있으며, 다만 찾아내는 노력과 역량이 필요할 뿐이다.

● 공급자의 마케팅 역량을 강화시켜야 한다.

완벽한 서비스 인프라와 플랫폼을 가지고 있어도 활동할 무대가 없으면 아무런 소용이 없다. 완벽한 역량 구축도 중요하지만 역량을 홍보하기 위한 마케팅 프로그램 개발을 우선 시 할 필요가 있다. 입소문으로 성장한 식당에 고객이 찾아온다는 진리도 맞지만, CM 서비스는 움직이는 시장을 대상으로 하기 때문에 고객을 찾아가는 것도 매우 중요하며 고객을 만들기 위해서는 홍보 프로그램이 가장 효과적인 수단이다. 서비스 역량을 뛰어넘거나 없는 역량을 과다하게 홍보하라는 주문이 아니다. 서비스 인프라와 활용 플랫폼을 완벽하게 구축하기 전이라 해도 동시에 홍보 프로그램을 가동시키라는 주문이다.

● 기업의 역량을 차별화 시켜라.

주력 시장과 상품(예를 들어 교통, 도시, 혹은 철도와 공항 등)에서 타 경쟁 기업과 차별화 시킬 수 있는 지식과 경험, 서비스 역량을 가시적으로 보여줄 수 있는 서비스 홍보 성격의 모델을 가져야 한다. 경쟁 기업과 동일한 역량이라면 가격 경쟁으로 가기 때문에 절대적으로 불리 할 수밖에 없다. 차별화된 시장과 발주자와의 지속적인 접촉과 일관된 창구가 필요하다. 희망적인 것은 우리 기업들도 선진기업들이 가지고 있지 못한 경험적이고 실증적이면서 가시화된 상품들을 많이 가지고 있다는 것이다. 일례로 국내 기업이 2016년 7월 프랑스에서 건설 중인 국제핵융합 시험로사업에서 CM 서비스(CMa) 계약을 체결할 수 있었던 배경에는 국내 원자력발전소 건설, 경부고속철도, 인천공항1단계 사업 등에서 쌓았던 CM 서비스 실적이 있었고, 그 당시 개발했던 절차서와 시스템이 가

시화된 상품으로서 상당한 역할을 했음을 지켜보았다. 차별화가 성숙도 혹은 완성도보다 높게 평가되고 있다는 점이다. 또 신흥국을 대상으로 한다면 우리나라에 그들에게 보여 줄 수 있는 인프라 상품이 많다는 것이 차별화된 강점이 될 수 있다. 다만, 우리가 가진 상품을 어떻게 CM 서비스 역량과 연결시킬 것인지는 개별 기업의 몫이다.

역량 부족의 원인 진단과 반성

앞서의 전략이 회사 차원에서 적용할 수 있는 것이라면, CM 역량을 강화하기 위해 산업 차원에서 개선되어야 할 사항들도 많다. 예를 들어, CM이 제도화되면서부터 다양한 형태의 사업관리방식이 오히려 하나의 카테고리로 인식되기 시작했고 CM 서비스 상품의 공급 확대와 역량 확보가 기대만큼 따라주지 못했음을 지적할 수 있다. 따라서 기업과 산업 차원에서 CM 역량강화를 위한 공동의 목적을 달성하기 위해서는 우선 역량 부족의 원인을 분석하고 새로운 방향을 모색하는 것이 필요하다. 이하에서는 그 원인을 법과 제도, 그리고 국내 건설산업 평가제도와 관습에서 찾아보도록 한다.

● CM 역량 개발에 대한 동인 부족

우리 제도에서는 책임감리나 CM과 관련해 서비스 공급자가 해야 할 역할 중심으로 제도적 틀을 만들어 놓았다. 결과적으로 회사는 CM 범위와 역할을 제도에 명시된 것으로만 해석하면 됐고, 그들에게 있어 역량 개발이나 발주자 만족을 위해 노력해야 할 동기나 인센티브는 축소될 수밖에 없었다. 제도 도입 이전에 이미 시행되었던 발전소, 고속철도, 인천국제공항 사업 등을 되돌아보면, 그 당시에는 사업관리의 서비스 범위와 책임, 수행방법과 시스템 개발 등을 서비스공급 예정자와 발주자 간의 협의에 의해 결정했으므로 회사가 자체적으로 역량 개발 및 향상을 위해 상당한 투자를 했었다. 하지만, 현재의 제도 하에서는 그런 노력에 시간과 비용을 투자할 동인이 존재하지 않는 것이다. 한편, 발주자의 기능과 역할은 오히려 불명확하다. 건산법에서는 CM 역할이 발주자 역할의 전부 또는 일부를 위탁받아 수행하는 것을 정의해 놓았지만, 발주자 역할이 무엇이라는 정의나 범위가 없다. CM의 역량과는 별개로 건설산업 차원에서 지금까지 한 번도 정의해 본적이 없는 발주자의 역할도 다시 한 번 주목해야할 부분이다.

● 사업관리 방식의 다양성 실종

대상 사업의 규모와 특성, 그리고 복합 정도에 따라 사업관리 방식이나 업무의 범위에 상당한 차이가 발생할 수 있다. 예를 들어, 세종시 건설과 같은 대규모 공공사업의 경우 개별 공사와 같은 관리개념으로는 소화하기 힘들기 때문에 정부 혹은 지자체 산하에 별도의 전담조직(00청 혹은 00사업단)을 구성하고 특별법이나 조례까지 제정하는가 하면, 발주자 측의 사업단장을 별도로 임명하기도 한다. 그런데 건산법이나 건진법에 명시된 CM 서비스 방식은 종합사업관리보다 단위 사업 혹은 공사 중심에 적합하도록 되어있으므로 이런 대규모 사업에는 대응하기 어렵다. 이러한 문제는 결국 다양한 형태의 서비스 공급에 대한 고민도, 그를 위한 역량 개발 노력도 필요 없게 만들어버리는 결과를 낳게 되었다.

● 책임감리와 CM 도입 목적 차이에 대한 이해 부족

책임감리는 부실공사를 방지하기 위한 수단으로 도입되었다. 도입 당시 정부는 현장의 잦은 사고나 품질하자가 기술력 부족보다 발주자와 시공계약자간의 밀착 때문으로 판단했고 전문성보다 부정거래, 즉 부패가 부실공사나 사고의 원인이라는 해석한 것이다. 이 때문에 발주자의 현장 사무소 상주를 금지하고 감리가 발주자 역할의 일부를 수행하게 만들었다. 문제는 발주자는 계약 공구나 모든 공종에 대한 관할권이 있지만 책임감리는 개별공구와 계약 공종에 한해서만 역할이 주어진다는 점이었다. 공구별 조정이나 간섭관리, 공종별 통합이나 간섭관리, 일정이나 가격 변동에 영향을 주는 의사 결정에서는 책임감리가 완전히 배제되어 있었다. 한편 CM제도는 외부적으로는 95년도부터 발효되기 시작한 'WTO' 협정에 대응하기 위한 수단으로 도입됐다. 즉, CM 방식 도입은 내수시장에서는 건설산업의 생산성을 향상시키고 밖으로는 한국 업체들의 국제경쟁력 향상을 촉진시키는데 목적을 두었다. 이처럼 제도 도입의 목적이 완전히 달랐지만 제도를 구체화 하는 과정에서 CM을 VE 등 몇 가지 추가업무를 통한 책임감리의 연장선으로 규정하고 말았다. 결과적으로 책임감리의 문제는 고스란히 안고 가면서 보편적으로 이해되는 고급 CM 서비스와 그에 대한 역량의 필요성은 묻혀버리게 된 것이다.

● CM 서비스 본질에 대한 이해 부족

선진국일수록 건설사업의 성공여부를 사전 계획의 완성도 및 치밀도와 연관시킨다. 사업관리를 얘기 할 때 항상 '사업기획 및 관리(planning & management)'라는 용어를 사용 할 만큼 실제 업무 착수 이전에 치밀한 계획을 먼저 수립해야 함을 강조한다. 전 세계적으로 사업관리부문에서 가장 많은 회원을 가진 미국 주도 프로젝트 관리 협회(PMI)가 4년 주기로 발간하는 프로젝트관리 지식체계집(PMBOK)에서 사업관리의 속성을 '선계획, 후 실행(plan the work, work the plan)'으로 명료하게 정의 해 놓은 것도 사업에서 계획이 얼마나 중요한지를 단적으로 설명해주고 있는 것이다. 하지만 이에 대한 서비스 범위나 역할에 대한 전문성이 국내 CM 서비스에서는 전혀 거론되지 않고 있다. 이것이 CM 회사 역량이 발주자의 기대 값을 만족시키지 못하는 원인이기도 하지만 동시에 국제 경쟁력에서 선진기업에 비해 떨어지는 원인으로 작용하고 있다.

● 역할에 비해 낮은 대가지급방식

현 제도에서는 발주자의 자의적 해석에 따라 CM 회사의 서비스 범위를 무한대로 확대시킬 수 있다. 서비스 공급 범위는 무한대이지만 지급할 수 있는 대가는 '책임감리+알파'로 책임감리와 거의 유사하다. 사업이나 공정계획 수립에 필요한 수준 높은 전문지식이나 경험, 그리고 투입 노력에 상응해 대가를 지불 할 수 있는 여지를 없애 버렸다. CM 제도 수립 이전에 수행된 종합사업관리에서는 서비스 범위와 방법에 따라 발주자가 지급 할 수 있는 예산 확보가 가능했다. 그러나 현행법과 제도에서는 서비스 수준에 대해 적정한 대가를 인정해 줄 수 있는 방법이 없으므로 CM 회사가 수준 높은 서비스를 공급해야 할 의무 혹은 필요성 자체가 없어져 버렸다. 내수 시장에서 CM 서비스를 위한 역량 고도화 자체가 무의미해져 버리는 결과가 된 것이다.

● 산업(industry)과 사업(project) 차이에 대한 이해 실종

법과 제도는 산업을 대상으로 하지 특정한 사업만을 대상으로 하지 않는다. 행정중심복합도시나 인천공항1단계 사업 등과 같은 대규모 사업에 대해 예산 우선 배정을 목적으로 특별법을 제정하는 경우는 있지만 그 외의 법과 제도는 산업이 대상이다. 반면 건설사업은 모든 사업이 다르고 표준화될 수가 없다. 그러나 국내 CM 제도는 분명 산업을 대상으로 했음에도 불구하고 산업의 하위 단계인 사업의 특수성이나 차별성, 그리고 속성을 소화하지 못하는 한계점을 가지고 있다. 사업관리의 기본 목적은 최고 '품질'과 '성능'을 갖춘 서비스나 목적물을 '가장 싼 값'으로 '가장 빠른 시간'에 완성하는 데 있다. 사업의 목적은 이 4가지로 명확하게 정의 할 수 있음에 비해 산업차원의 제도는 이를 목적으로 하는데 한계가 있다. 따라서 제도가 오히려 사업관리의 기본 목적을 충족시킬 수 있는 역량 개발의 필요성을 약하게 만들고 제도 도입의 취지를 가로막는 장애로 작용하고 있는 셈이다. 결과적으로 이러한 제도는 CM 회사의 역량에 대한 변별력을 잃게 만들어 버린 결과로 나타나고 전문성을 획일성으로 변질시켜 버렸다.

● 사업의 사후평가시스템 부재 혹은 시스템에 대한 오해에서 비롯된 전문 역량 수요 실종

CM 방식의 태생이 민간부문에서 시작된 데는 이유가 있다. 사업 및 사업관리의 목적이 명확하고 CM 방식의 유용성이 시간과 예산, 품질과 성능 등 계량화된 수치로서 나타나며 민간 발주자가 직접 관리하는 것보다 시간과 비용 면에서 전문기관에 위탁하여 시행하는 것이 훨씬 생산적이었기 때문이다. 국내 공공공사에서는 사업의 사후평가가 없다. 물론 기존 건진법에 사업평가제도가 들어가 있지만 사업 단위의 평가가 아닌 계약단위 평가에 불과하다. 즉, 사업의 성과를 평가하기보다 시공계약자 평가를 대상으로 하고 있는 것이다. 게다가 사업을 종합적으로 관리하는 발주자에 대한 평가는 전혀 없다. 따라서 공공발주자가 사업관리의 기본 목적이나 성과에 관심을 두지 않는 이상, CM 회사가 역량을 발휘해야 할 이유가 없어졌고, 생산성과 효율성 향상을 위해 도입된 CM 방식이 국내 공공시장에서 제대로 된 역량을 평가받을 기회가 없어져 버린 것이다.

● 보이지 않는 지식과 지혜에 대한 가치 평가 부재

CM 서비스를 얘기 할 때 단골 메뉴가 '고부가가치의 지식산업'이라는 표현이다. 하지만 정작 현실에서는 지식과 지혜는 '덤'이지 '주인' 대접을 받지 못한다. 눈에 보이는 목적물은 중시하지만 목적물을 기획하거나 설계하는 소프트웨어, 공기 계획을 수립하는 시스템 등, 우리 사회는 보이지 않는 지식과 지혜에 대한 가치를 인정하지 않는 특유한 관습과 문화를 가지고 있다. 이 때문에 상당수 민간사업자는 목적물을 최단기간 내 값싸게 완성하는 것을 최고의 가치로 인식한다. 품질과 성능, 그리고 공사 중 안전보다 시간과 가격만을 중시하는 관습 때문에 제대로 된 사업관리 혹은 CM 서비스를 제공 할 기회 자체가 봉쇄되어 버렸다. '빨리 빨리, 싸게'가 '제대로 된 원칙'보다 더 중시되는 관습과 문화가 CM 서비스의 고부가가치를 무용지물로 만들어 버리고 있는 것이다.

● 민간 공사에서 나타나는 CM 서비스 업무와 대가간의 불공정성

민간 공사 CM에는 보편화된 표준 약관이 없다. 국내 대표적인 민간 공사 CM 계약서 다수를 검토해본 결과, 서비스 공급 계약자는 발주자가 요구하면 무조건적으로 수행해야 한다는 조건이 계약서에 명시되어 있는 경우가 많다. 서비스 범위가 무한대라는 의미다. 하지만 그에 비해 대가 지급은 제한시켜 놓았다. 계약금액을 넘지 못한다는 조항과 함께 발주자 요구에는 이의를 제기 할 수 없도록 한 민간공사 CM 계약조건이 회사의 역량을 저하시키는 원인이 된다. 계약서는 서비스 범위에 따른 대가 지급에 대한 쌍방의 약속이다. 발주자의 무한 요구대로 서비스를 제공해야 한다면 공급자가 예측 가능한 업무에 대한 계획이나 전략을 수립할 수 없게 된다. 더구나 대가와 분리된 서비스의 무한 요구는 전형적인 불공정 거래임에도 불구하고 법과 제도에서는 보호를 받지 못하는 사각지대로 남아 있다.

● 국내 회사들의 자구적 노력 부족

국내 CM 회사들은 법과 제도, 내수 시장에만 의존해서는 지속가능한 생존이 어렵다는 사실을 알면서도 자의든 타의든 간에 눈앞의 먹거리에만 매달려온 것이 현실이다. 불편함이 아니라 불합리한 제도와 시장에만 매달리다보니, 시장을 정상 궤도에 올려놓기 위한 자구적인 노력을 너무 소홀히 했다는 반성이 필요하다. 수주를 위해서 전문서비스 역량을 개발하기보다 불법과 편법 동원에 의존하거나 입찰평가에 기술 차별화가 반영되기를 요구하면서도 정작 자기 기업이 참여한 입찰에서는 상대평가보다 운찰제를 선호하는 아이러니가 존재한다. 낮은 대가 때문에 서비스를 제대로 할 수 없다는 주장을 되풀이 하면서 발주자나 사업의 수요를 만족시키기보다 대가 인상부터 요구하고, 서비스 시장을 만들어가기보다 법과 제도가 시장을 만들어 주기를 기대하는 모습도 보였다. 단기적으로 입찰경쟁력을 높이기 위해 은퇴한 관료를 대거 고용하여 PQ 점수를 높이기에 급급하거나 PQ용 전문가를 고용했지만 실제 서비스에는 경험과 전문지식이 부족한 인력을 투입하게 되는 모순도 반성해야 할 부분이다. 결국 PQ용 전문가에게 지불한 비용만큼 실제 업무 수행자에게는 지불할 인건비가 부족해지고, 낮은 대가나 인건비 때문에 유능한 인재가 진입 할 기회를 스스로 막아버렸다. 수주를 달성해야 하는 기업 입장에서 이해 못할 부분은 아니지만, 이러한 이중적인 태도들은 회사의 역량 개발을 가로막는 절대적인 장애요소가 되고, 현재도 악순환 되고 있음을 깊이 반성해야 한다.

5.

CM 서비스 공급자 역량 강화에 대한 주문

2016년 1월 스위스 다보스 포럼에서는 지금이 제4차 산업혁명시대라는 선언이 있었다. 이는 세계적인 지명도와 리더십을 가진 지도자들이 지적하고 공감하는 부분으로, 앞으로 기술 발전 및 혁신 속도는 과거에 비해 10배 이상 빠르고 크기는 300배 이상이며 파급 영향은 3,000배 이상 될 것이라고 한다. 미래에는 산업 내 경쟁보다 산업과 산업 간의 경쟁으로 무대가 바뀔 것이라 예측도 있다. 우리가 경험했고 알고 있는 사실과 너무나 달라지고 있고 제4차 산업혁명은 익숙한 것으로부터의 이별을 주문하고 있다. 세계적인 지도자들은 지금 일어나고 있는 변화를 우리가 현재 보고 있는 현실을 통해 지적하면서, 변화에 대한 시각을 미래가 아닌 현재 물속에 감춰져 보이지 않는 빙산으로 표현했다. 미래 학자들은 미래를 예측하는데 너무 많은 노력을 들이지 말라는 주문을 한다. 현재 일어나고 있고 예상되는 변화가 너무 크고 빠르기 때문이다. 미래를 예측하기보다 미래를 만들어 가는 길을 택하라는 주문이다. 아무도 가까운 미래조차 정확하게 예측하는 것이 불가능하다고 판단하고 있다.

흔히 건설은 전통적인 산업으로 변화의 속도가 느리다고 한다. 누구나 건설의 속성이 비복제·비반복적이며 표준화가 어렵다는 것으로 알고 있다. 따라서 제조업과 달리 자동화가 어려우며 이런 유사한 이유들을 들어 건설이 타 산업과 다름을 주장한다. 하지만 건설만의 속성이라는 주장도 조만간 힘을 잃게 될 것으로 보인다. 예를 들어, 3D 프린팅기술로 벽돌을 만들고 집을 짓는 것이 현실화되고 건설 현장에서 기능 인력이 사라질 날이 곧 현실화 될 것이라 예측한다. 일본의 노무라연구소와 영국의 옥스퍼드대학이 공동으로 연구(2016년 1월) 결과에 따르면 일본 건설현장에서 기능공을 로봇이 대체할 수 있는 작업의 비중이 49%나 되며, 영국에서는 35%에 이른다고 한다. 또 다른 예로, 최근에 등장하기 시작한 데이터기반 설계엔지니어링 기술은 도면을 3D 모델로 대체해가고 있는데, 건설의 역사만큼이나 오래된 도면이 건설에서 사라 질 날도 곧 올수도 있다. 이렇게 자동화 및 정보기술과의 융합 확산은 전통적인 설계와 시공 등 생산기술력 차이를 산업 전반적으로 상향평준화 시킬 것이고, 그렇게 되면 우리가 너무나 익숙해져 있는 선진국 대비 기술력 격차도 앞으로는 아무런 의미가 없어진다.

한국 사회는 물론 전 세계를 놀라게 했던 알파고와 이세돌 간 바둑경기는 현재와 미래가 어느 방향으로 갈 것인지를 명확하게 알려줬다. 알파고는 인공지능으로 무장된 컴퓨터이다. 이 대국을 통해 인간의 지능을 인공지능(AI)이 넘어섰다는 사실을 다시 한 번 각인시켰다. 3D 프린팅과 ICT 융합에 의한 현장 시공 자동화는 기술력 대비 낮은 가격을 경쟁력이라 부르는 가성비가 더 이상 효력이 없어진다는 사실을 예고하고 있다. 기술력의 평준화와 가성비 개념의 무력화는 물리적인 기술보다 지혜와 지식 역량이 건설산업의 경쟁력을 좌우하게 될 것이라는 예상을 가능하게 한다.

세계경제포럼(WEF)은 2016년 1월 부상하게 될 산업에 매니지먼트와 건설관리를 포함시켰다. 매니지먼트와 건설관리의 공통점은 지식(knowledge)과 지혜(wisdom)로 무장된 지능(intellectual power)의 힘이라는 점이다 정보(information)와 데이터 수집 및 축적이 곧 기술력이라는 기존의 속설과는 완전히 다른 관점이다. 이는 건설 시장을 지배하는 거버넌스도 전통적인 생산기술에서 전략과 기획, 관리 등 프로세스 역량으로 바뀜을 의미한다. 세계 시장에서 이런 움직임도 이미 나타나고 있다. 2011년 세계표준화기구(ISO)에서 발간한 사업관리 지침서는 그 대상을 생애주기관리에서 사업 창출(biz case)까지로 확대했다. 생애주기라는 기존의 경계선을 허물어 버린 것이다. 로봇이나 인공지능은 프로그램화된 것을 대상으로 하지만 사업 창출은 인간만이 할 수 있는 영역으로 해석했기 때문이다. 세계 건설시장의 흐름과 한국 건설이 무관 할 수 없다는 사실은 누구나 인정한다. 한국 건설이 선택할 수 있는 흐름이 아니다. 부상하는 산업군에 포함된 건설관리는 공학과 매니지먼트의 융합체이다. 이처럼 변화하는 미래에 한국 건설의 새로운 먹거리를 만들기 위해서라도 국내 CM 회사의 역량을 혁신적으로 높여야 하는 이유는 충분하다.

좀 더 현실적인 측면을 들여다보면, 우선 CM 관련법과 제도도 제정 당시의 기본 취지를 되살리는 방향으로 가야 한다. 국내 건설의 생산성을 높여 안으로는 수요자에게 비용부담을 최소화 하고 밖으로는 세계시장 진출을 확대하는 것이 기본 취지였다. 다시 기본으로 돌아가야 한다.

법과 제도는 산업의 기본 프레임을 정립하고 발주기관이 사업의 효율성을 최대한 제고시키는 것이 기본이다. 공공공사는 물론 민간공사에서도 CM 도입 목적을 살리기 위해 공사가 아닌 사업에 대한 평가체계부터 도입해야 한다. 계량화시킬 수 있는 공기(t)와 비용(c), 품질(q)과 안전(s), 그리고 환경(e)관리 중심으로 사업의 성과를 평가하면 객관성을 확보할 수 있다. 이런 사업 평가는 곧 바로 발주자 평가로 이어지기 때문에 공공사업의 효율성을 높이기 위한 노력이 현실화 될 것이고 공공발주자로부터 사업관리에 대한 객관적 목표 설정이 가능해지게 되면 국내 CM 서비스 시장은 자연스럽게 활성화 될 것이다.

이와 함께 국내 민간공사 CM서비스 시장에서 사각지대에 놓여 있는 계약표준약관에 대한 혁신이 필요하다. 공공공사 CM 서비스 공급계약 약관은 있지만 민간공사 CM에서 표준적으로 활용될 수 있는 약관이 없다. 미국건축학회(AIA)나 건설관리협회(CMAA)에서 발간한 표준약관을 참고하여 정부가 개발 한 후 민간사업자가 활용 할 수 있도록 배려하는 조치가 필요하다. 민간거래라 해도 필요한 것은 건설공사 계약에서 표준하도급약관 사용을 강제하는 것과 유사한 개념으로 적용하면 가능하다.

국내 CM 회사 수준으로는 국내 시장에서 발주자를 만족시키지 못할 뿐만 아니라 세계 시장에서 경쟁하기도 어렵다. CM 기업들도 역량 강화에는 공감하고 있다. 건설관리학회의 설문조사[5] 결과에서 국내 시장에서 CM 역량이 충분하다는 주장(22%)보다 국내 및 해외에서 모두가 부족하다는 응답률이 64.4%인 것은 시사하는 바가 크다. 역량강화 없이

---

5) CM제도 도입 20주년 CM산업의 변화에 대한 설문조사 결과, 한미글로벌(한국건설관리학회), 2016.8.25

일부에서 주장하는 것처럼 현재 대가 수준을 높여 달라는 것은 설득력이 떨어진다. 먼저 공급자들의 서비스 역량을 높이는 게 우선이고 이를 위해서는 국내 CM 회사 역량 부족을 스스로 인정해야 한다. 법과 제도에 의존하여 시장을 만들어 가려는 시도도 멈춰야 하는 게 바람직하다. 규범적 틀에 의존하는 것은 좁은 국내 시장에서 우선 살고 보자는 의타심이다. 지식과 서비스 인프라가 부족한 상태로는 법과 제도가 시장을 만들어 줄 명분이 없다. 공평 배분이 아닌 공정한 게임으로 갈 수밖에 없음을 받아들여야 하며, 경쟁은 가격이 아닌 기술력이 중심이 되어야 하고, 기술력이 중심이 되기 위해서는 역량의 차이를 인정해야 한다.

CM 서비스가 다양한 형태로 갈 수 있음도 인정할 필요가 있다. 국내와 같이 오직 CM과 감리만으로는 생존이 어렵다는 사실을 인지 할 필요도 있다. 서비스 인프라 구축에는 인재 양성이 필수 과정이다. 동시에 개개인의 능력에 의존하는 것이 아닌 인프라에 의존하는 시스템으로 가야 한다. 인프라 중심이라는 의미에는 개인의 역량을 뒷받침 하는 버팀목 역할로 기업이 존재한다는 뜻이 담겨져 있다. 서비스 역량은 개인과 개인이 속한 집단의 힘을 공유할 수 있는 서비스 인프라가 플랫폼 형태로 운영되는게 가장 이상적인 모델이다. 서비스 역량 강화는 선택의 문제가 아니라는 사실을 받아 들여야 한다. 지금까지의 방식이 앞으로도 지속될 것이라는 기대는 하지 않는 게 정답이다.

CM 회사가 역량을 강화해야 할 마지막 부문은 인력과 기업의 통합시스템이다. 흔히 국내 건설기술자 혹은 CM 전문가 역량은 선진 기업과 비교할 때 대등하다 주장한다. 그런 주장을 인정한다 해도, 전문가가 속한 기업의 역량이 슈퍼헤비급과 초 경량급만큼 차이가 난다면 가진 만큼의 역량을 발휘할 수 없다. 그 원인을 해결하려면 개인의 문제가 아닌 기업이 갖춰야 할 시스템, 즉 사업 및 경영 인프라 구축 문제로 해석해야 한다. 선진 기업에 준하는 사업 및 경영 인프라 구축 없이는 글로벌 기업과의 경쟁은 불가능하다. 이는 시간이 걸리더라도 반드시 해결해야 할 부문으로, 개별 기업이 독자 해결이 어렵다면 산업계 공동으로 표준 모델을 개발하여 공유하는 협업 전략도 필요할 것이다.

CHAPTER

03

CM시장의 글로벌 경쟁우위를 확보하라

•

이현수 교수

03

CM시장의 글로벌 경쟁우위를 확보하라

건설산업의 상품이라고 할 수 있는 건축물은 건설기술의 발전과 더불어 점차 크고 복잡한 양상을 보여주고 있다. 건설시장의 요구 역시 이러한 시대적인 흐름에 맞추어 빠르게 변화해 왔다. 건설프로젝트가 글로벌화 되고 시장 내의 경쟁이 심화됨에 따라 프로젝트의 성공적 수행을 위해서는 새로운 건설기술과 공법 및 자재의 활용, 그리고 무엇보다 프로젝트의 체계적인 관리가 요구되고 있으며 이러한 현상은 국내외 구분 없이 가속화 되었다. 또한 건설프로젝트의 소요예산과 기간의 계획 및 실행에서 '효용성'이 중요하게 인식되면서 이를 경제적으로 관리하는 주체가 필요하게 되었다. 이러한 건설프로젝트의 효용성을 관리하는 것이 곧 CM의 역할이다. 이와 같이 CM의 필요성과 역할이 명료해지면서 자연스럽게 CM시장이 생성되었으며, 프로젝트 관리 역량은 자연스럽게 점차 건설시장을 선도하는 효과적인 프로젝트 수행방식으로 진화하게 되었다.

우리나라 건설산업의 CM방식 도입 초기에는 전문가가 부족하고 관련제도가 미흡해서 당시 세계 CM시장을 선도하고 있던 미국의 CM기업들이 국내로 진출하여 시장을 형성하게 되었다. 또한 CM이 적용된 주요 사례 역시 대규모 공공공사 중심으로 한정되었다가, 이 후 CM의 역할 및 중요성이 명확하게 확인되면서 점차 그 적용범위가 확장되고 제도적인 정착을 이룰 수 있게 되었다. 이제 CM 제도 도입이후 20년이라는 적지 않은 세월이 흘렀다. 과연 CM이 국내 건설시장에서 차지하는 위상과 중요성은 어느 정도일까? 또 CM이 국내 건설시장에서 인정받고 나아가 해외 건설시장에서도 경쟁력을 갖추기 위한 방법은 무엇일까? 여기에는 다양한 방법이 모색되어야 하겠지만, 본 장에서는 CM시장을 중심으로 우리 CM의 위치와 국내외 건설시장의 변화에 따른 경쟁력 강화 전략은 무엇일지 생각해보기로 한다.

1. 국내 건설산업과 CM시장

CM시장의 위상과 중요성

최근 지속적인 글로벌 건설경기 침체로 대부분의 건설업체들의 매출액, 영업이익률이 급격히 감소하고 경영상황이 전반적으로 악화되고 있다. 일시적인 부동산 경기의 상승에 따라 호조를 보이기도 했으나 장기적인 관점으로 봤을 때 산업규모의 축소와 투자 침체가 예상되는 등 건설산업은 어려움에 직면해 있음이 분명하다. 이러한 국내 건설시장의 위축에 대응하기 위해 국내 건설기업들은 약 10여 년 전부터 해외시장 진출을 모색해왔다. 해외시장으로 건설영역의 확장이 본격적으로 추진되던 2007년경에는 주로 중동지역의 플랜트 건설 중심으로 수주가 편중되는 현상을 보였다. 또한 플랜트 건설 중에서도 부가가치가 높은 핵심 분야 보다는 성공 확률이 높은 단순 도급형 사업 위주로 수주를 거듭한 결과 실제 이익보다는 매출액 중심의 사업수주가 이루어졌다. 그 결과 국내 건설기업 간의 소모적인 경쟁을 통한 실속 없는 수주로 인해 심각한 적자를 초래하기도 하였다. 그렇다면 CM시장은 건설산업에서 어떤 의미를 가지는가? 쇠퇴하는 건설산업의 대안이 될 수 있을까?

우리나라 건설시장 전체에서 CM시장이 차지하는 비중은 1% 미만으로 수치상으로는 매우 낮다고 할 수 있다. 이는 CM이 건설시장 전체에 미치는 영향이 극히 미미함을 의미할 수도 있지만, 반대로 그만큼 큰 발전 가능성을 지녔다고 볼 수도 있다. 후자의 관점에서 CM은 건설산업에서 향후 중요한 위치를 차지할 것으로 보인다. 국내는 물론이고 해외시장에서도, 기존의 시공 중심의 사업은 상대적으로 부가가치가 낮은 데 반해 CM은 기술 및 소프트웨어 중심의 고부가가치 사업이라 할 수 있으며 국내에서도 CM시장이 꾸준히 확장됨에 따라 국내 CM기업들 역시 함께 성장할 수 있었고, 자체적 기술과 업무체계 구축을 통해 현재의 수준에 이르렀다고 볼 수 있다. 이렇게 확보된 기술수준은 국내 CM시장을 키우고 경쟁력을 향상시킬 수 있는 원동력이 되며, 해외시장에서도 외국 선진 건설기업들과의 경쟁과 협업을 거치면서 경험을 쌓는다면 충분히 글로벌 역량 확보가 가능하다. 즉, CM시장의 성장은 정체기에 접어든 기존 시공 중심의 건설시장과 달리 국내 건설산업 전체의 역량을 강화시키는 열쇠이자 가장 강력한 무기가 될 것이다.

CM제도의 도입과 시장 현황

국내 CM제도의 도입은 1990년대 전후 부실공사 방지대책을 수립하면서 공론화되기 시작하였다. 건설 프로젝트 수행 시 공사, 품질, 안전 및 공사관리 등에 대한 기술지도와 확인 및 점검을 통해 시공품질을 확보할 필요성이 가장 주된 이유였다. 또한 당시 국내 건설시장이 점차 개방 흐름으로 접어들면서 건설산업의 국가경쟁력 확보 및 선진화가 필요하게 되었고, 이를 위해 CM제도를 도입함으로써 프로젝트의 복합적인 목적을 효과적으로 달성하고 산업 전반의 생산성을 높이고자 하였다. 건설산업기본법에 의해 건설사업관리(CM) 제도를 도입하고(1996.12.), 이후 대형 국책사업을 중심으로 시범 적용되기 시작한 후 점차 민간영역으로 확장되었다. 이러한 제도적 뒷받침 외에도 사업의 규모와 복잡성이 증가하는 시대환경의 변화에 따라 건설기업 자체 조직 내의 전문인력 부족과 사업 초기단계부터의 체계적인 사업관리에 대한 필요성을 인식하게 된 것 또한 CM제도 도입의 추진력이 되었다. CM방식을 적용한 대표적인 대형건설사업은 인천국제공항 건설사업으로, 당시 마스터플랜을 담당한 미국 벡텔사가 제출한 제안서가 CM도입에 큰 역할을 하였다. 또한 발주자인 인천국제공항공사의 특성 상 공항운영 전문인력이 주요조직을 구성하고 있어, 건설전문가의 필요에 의해서도 프로젝트의 CM 도입이 필수적이었다. 발주처 조직 내의 전문인력 부족과 사업 초기단계부터의 체계적인 사업관리에 대한 산업 전반의 공감대가 형성되었던 것이다.

이후 CM제도 도입을 통한 성공적 프로젝트 수행사례와 경험이 축적됨에 따라 자연스럽게 국내 CM시장도 성장하게 되었다. 그러나 도입 초기에는 제도 자체와 적용 범위의 제한에서 오는 한계로 인해 시장 역시 매우 제한적으로 형성되었다. 즉, CM제도가 대형 공공사업을 중심으로 적용되기 시작한 만큼 국내 CM시장은 대형 공공사업을 중심으로 발전하였으나 시간이 흐른 뒤, 빠른 속도로 민간시장에서 CM이 확산되기 시작했다. 민간부문의 경우 공공부문에 비해 전체 시장규모는 더 크지만, CM의 적용은 대부분 소규모 프로젝트 위주로 이루어졌다.

국내 CM시장은 아래 그림에서 볼 수 있듯이 꾸준한 증가세를 보여왔다. 또한 우리나라의 건설산업 구조개편, 민간투자사업 활성화, CM에 대한 인식제고, 공사의 대형화 등의 내·외부 환경을 고려할 때 국내 CM시장의 성장세는 당분간 지속될 것으로 예상된다. 그러나 CM의 건설시장 점유율은 수주액 기준으로 전체 건설시장 규모의 0.5%미만, 10년 평균 약 0.3%에 그치는 등 매우 낮은 편이다. CM 강국인 미국의 경우 전체 건설시장 대비 CM시장 점유율이 6.8% 정도라고 하니, 그에 비하면 우리나라에서 CM시장이 본격적으로 형성되었다고 판단하기 어려운 수준이다. 하지만 CM관련 전문가 다수는 향후 국내 CM시장이 지속적으로 성장할 가능성이 있다고 판단하고 있다. 건설경기가 위축되는 흐름이기는 하지만 CM시장의 경우 최소 현상유지는 할 것이라는 대답

[국내 CM 수주현황]

국토교통부

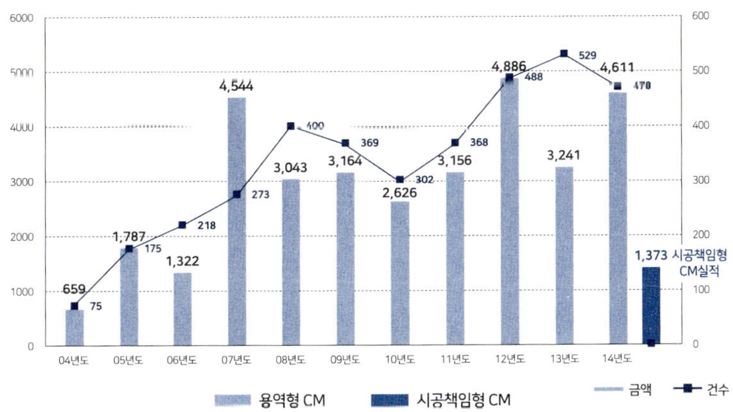

이 전체의 80%에 달했다. 다만 해외 CM시장 규모를 예측하는 설문에 비해 부정적으로 예측하는 답변의 수가 많았는데, 이는 글로벌 건설경기에 따라 CM시장 역시 영향을 받을 수 있으므로 건설경기 예측의 불확실성을 고려한 답변으로 파악된다.

[국내건설시장과 CM시장의 연도별 규모 추이]

구 분	건설수주액 (억원)	CM수주액 (억원)	CM점유율 (%)
2014	1,073,184	1,332	0.12
2013	1,279,118	4,544	0.36
2012	1,200,851	3,043	0.25
2011	1,187,142	3,164	0.27
2010	1,032,298	2,625	0.25
2009	1,107,010	3,156	0.29
2008	1,015,061	4,886	0.48
2007	913,069	3,241	0.35
2006	1,074,664	4,611	0.43

CM시장의 정체요인과 개선방향

국내 CM시장은 형성 초기부터 성장 가능성이 크다고 평가받았으며 실제 해마다 소폭 성장세를 유지하고 있다. 그러나 국내 시장은 해외 시장에 비해 상대적으로 불확실성을 보이며 시장의 크기가 전망에 미치지 못하고 정체현상을 보이고 있다. 국내 CM시장의 확대를 방해하는 요인들은 크게 법규/제도, 정책/공공발주, 민간 발주, 경쟁 구도의 네 가지 부문으로 나누어 분석할 수 있다.

● 법규/제도

CM관련 법규는 CM시장의 성숙도에 비해 그 내용과 체계의 완성도가 부족한데, 법규 간 정의가 서로 다르거나 법규 내부에 CM관련 내용이 없는 등의 문제가 있다. 시장과 기술 모두 제도의 지배를 받을 수밖에 없다는 점에서 관련 법규의 보완이 반드시 필요하다. 우리나라의 발주제도 역시 문제인데 최저가 입찰제가 여전히 대세라는 점에서 CM이 개입할 여지는 상대적으로 적을 수밖에 없다. 공공사업의 경우 조달청에 대부분의 발주가 집중되어 있고 이로 인해 계약방식이 획일화되는 현상도 CM시장의 확대를 방해한다고 볼 수 있다.

● 정책/공공발주

과도하게 규제하려고 하는 정부기관의 정책 기조가 시장의 유연함을 저해한다. 또한 여전히 CM에 대한 인식이 부족하여 CM의 역할을 제도 도입 초기의 형태였던 감리업무 위주로 인식하고 있는 것 역시 시장발전에는 도움을 주지 못하고 있다. 국책/공공 공사 발주 시 CM발주를 별도로 하지 않는 등 여전히 CM 고유의 업무를 충분히 인정하지 않는 듯한 태도를 보이고 있는 것도 문제로 지적할 수 있다.

● 민간발주

민간발주는 공공발주의 경우보다 CM에 대한 인식문제가 더 크게 드러난다. 사업을 발주하는 사람들의 대부분은 CM에 대한 인식이 부족하여 CM의 효과에 대해 확신하지 못하거나 불필요한 것으로 생각하며 선택적인 과정이라고 생각하는 경우가 많다. 이것이 도입 20주년을 맞은 시점에서도 여전히 CM업계와 학계의 협력을 통한 CM의 가치 홍보가 필요한 이유이다. 한편으로는 실제 CM의 효과를 질적으로 더 향상시킬 필요가 있다는 주장도 있다. 단순 감리업무에서 체감할 수 있는 이상의 효과를 만들어냄으로써 감리와의 차별성을 부각할 필요가 있다는 지적이다. 이를 위해서는 일반 감리와 차별화된 CM 전문인력을 지속적으로 육성할 필요가 있는데 아직 전문인력 육성 체계가 미비한 실정이다. 또한 민간발주의 경우 공공발주에 비해 개방적이므로 CM의 다양한 관리기술을 적용해보고 이를 통해 기술을 보다 발전시키려는 산업계의 노력이 필요하다.

● 경쟁구도

국내 건설산업은 시공사 위주로 편성되어 있어 몇 개의 대기업에 대부분의 권한이 집중되어 있는 기형적 형태를 가지고 있다. 이러한 환경에서 CM전문 기업들이 CM시장에 독립적으로 참여하거나 시장을 확장할 수 있는 기회를 거의 갖지 못하고 있다. 이와는 반대로 충분한 경쟁력을 갖지 못하는 CM 기업들이 난립하는 것도 문제를 더욱 악화시키는 원인이 되고 있다. 이러한 악순환을 막고 CM시장에 실력을 갖춘 CM 기업들이 이끌어가는 건전한 경쟁구도를 구현하는 방안을 모색해야 한다.

이상의 정체요인들은 우리 CM산업과 관련 기업이 해소해야 할 숙제임에 분명하다. 동시에, 그간 시장의 흐름과 국내 CM 기업들이 어떻게 움직여 왔는가를 들여다보면 현재의 사업성과가 가지는 한계와 앞으로 나아가야 할 방향이 보인다. 우선, 국내 CM기업들은 글로벌 CM시장에서 경쟁해야하는 해외 선도 CM기업들에 비해 여전히 해외사업 수주 비중이 적고, 사업대상 국가가 편중되어 있는 양상을 보인다. 우선적으로 해외 선도 기업들과의 경쟁에서 살아남을 수 있도록 CM 역량을 장기적인 관점에서 향상시킬 필요가 있다. 또한 이미 포화상태인 시장에서 경쟁할 수도 있지만 아직 시장이 형성되지 않은 지역에서 기반을 만들고 시장을 창출할 수 있는 미래지향적인 전략이 필요하다. 이를 위해서는 기존의 프로젝트 중심의 수동적 수주방식에서 벗어나 시장 개척 차원에서 능동적으로 CM시장을 창출하는 것 역시 수주전략에 포함시킬 필요가 있다. 또한 CM사업성과의 내역을 보면 이미 진출한 사업을 통해 형성된 기업 간의 관계가 지속적으로 이어짐으로써 거둔 성과가 대부분으로, 국내 CM기업이 독자적으로 수주하거나 새로운 발주처를 개척하는 등의 건수는 여전히 미미한 수준이다. 따라서 CM시장 전체의 파이를 키우기 위해서는 기존의 익숙한 시장 보다는 새로운 시장으로의 확장이 필요한 시점이다.

2.

글로벌 CM시장의 현황 분석

글로벌 CM시장의 동향

해외 건설시장은 1990년대 이후로 지속적인 성장세를 유지하다가 2008년 글로벌 금융위기를 겪으며 침체하였다. 그러나 그 이후 부동산 경기가 나아지면서 점차적으로 금융위기 이전 수준으로 회복되었으며 2016년 현재는 다시 소폭의 상승세로 접어들었다. 건설시장과 다른 CM시장만의 특징적 흐름이 있다면 2008년 이후 그 양과 규모가 급격히 증가했다는 것인데, 이는 CM 및 PM시장을 선도하는 미국 내에서의 CM시장이 약 세 배 규모로 성장한 것에 힘입어 전 세계적으로 CM시장의 규모가 확대되었기 때문이다. 또한 금융위기 등으로 인해 위축되었던 건설경기 완화에 의해 중동 및 동남아 지역 등의 신규 건설시장 개발이 활발히 이루어지면서 이들 지역의 CM 시장의 규모 역시 증가되었다.

2016년 상반기를 기준으로 살펴보면 지역별로는 미국, 아시아-태평양, 유럽, 중동 및 아프리카, 중남미 순으로 CM시장이 형성되어 있다.

[국내 CM 수주현황]

Construction Intelligence Center

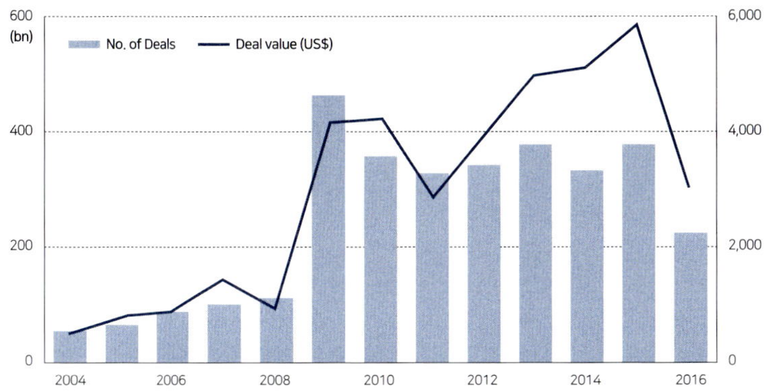

특히 미국 및 캐나다 지역의 CM시장은 해외 CM시장 전체에서 약 40%를 차지할 정도로 가장 활성화되어 있으며 동시에 국가 자체의 경제규모를 볼 때 앞으로도 더 성장할 것이라는 예측이 지배적이다. 미국의 CM시장은 자국 또는 유럽의 선진 CM기업들이 대부분 진출해있어 포화상태이지만 시장 규모의 성장 가능성이 높고 향후 국내 기업들이 경쟁해야하는 업체들의 기술수준을 감안할 때 우리 CM기업들에게도 기회가 있을 것으로 보인다.

우리나라를 포함한 아시아 지역의 시장규모 역시 유럽을 근소하게 앞서는 정도로, 매우 큰 비중을 차지하고 있다. 특히 신규 건설시장으로 분류되는 동남아시아 지역의 경우 CM시장이 이제 막 형성되고 있음을 고려하면 국내 CM기업들이 보다 공격적으로 진출하여 글로벌 기업들보다 먼저 시장을 선점할 필요가 있다. 이를 위해서는 해당 지역의 특성을 고려한 단기적인 전략과 CM 역량 강화를 통해 선도 기업들과의 경쟁체제를 구축하는 장기적인 전략을 수립할 필요가 있다.

국내 건설관련 산학연 전문가들에게 해외 CM시장에 대한 시장규모를 어떻게 예측하는지 질문을 던졌다. 그 결과 대부분의 응답자들이 시장규모가 커지거나 적어도 현상유지 될 것이라는 긍정적인 답을 내놓았다. 또한 과거의 데이터를 기준으로 전체 해외 CM시장 규모의 증가세를 볼 때 앞으로도 CM시장이 성장할 가능성이 있다고 판단할 수 있으며 국내 CM기업들도 이러한 해외시장의 수요를 미리 파악하고 적극적으로 대응해야 한다.

[대륙별 CM 발주 건수 및 금액]

Construction Intelligence Center

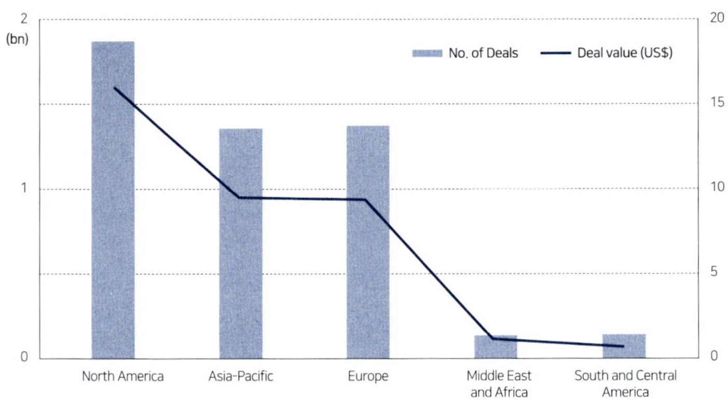

국내외 CM기업의 활동

그렇다면 국내 CM기업들은 글로벌 시장에서 얼마나 수주에 성공했고 경쟁대상인 해외 CM기업들의 성과는 어떨까? 해외 CM시장의 국내외 기업들의 양적인 동향을 파악하기 위해 최근 10년간 국내 및 해외 CM 기업들의 수주 실적을 분석해보면, 국내 CM기업의 해외 수주금액이 2008년부터 2014년까지 약 2.5배의 성장세를 기록했음을 알 수 있다. 특히 해외 수주금액이 전체 수주금액보다 더 가파른 증가세를 보이고 있으며 이는 국내 CM기업이 해외시장에 적극적으로 진출하고 있음을 나타낸다. 그러나 전체 수주금액 대비 해외 수주금액을 비교해보면, 해외 매출액 비중이 전체의 12.8%에 불과하며 국내 CM기업의 전체 매출에서 해외 CM 프로젝트 수주가 차지하는 비중이 여전히 미미하다는 것을 알 수 있다. 또한 2014년 수주금액에는 삼성물산의 러시아 락타센터 신축공사 CM 용역 1,730억원이 포함되어있고, 이로 인해 전체 매출액이 가파르게 증가해 전체 데이터에 착시효과를 가져온 부분도 있다. 정리하자면, 해외 CM 프로젝트의 수주는 증가하는 추세에 있으나 그 흐름이 안정적이라고 판단하기는 어려워 보인다.

[최근 10년간 국내 CM기업의 해외 수주실적]

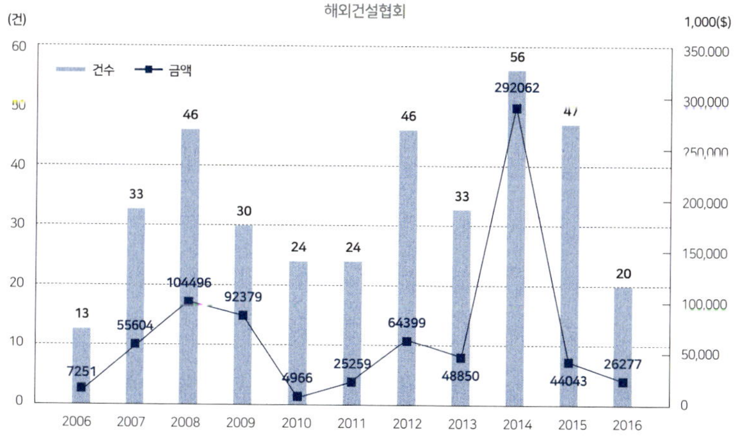

[국내 CM 기업의 국내외 수주 실적 분석]

국토교통부, 2014년 삼성물산 러시아 락타센터 신축공사 제외

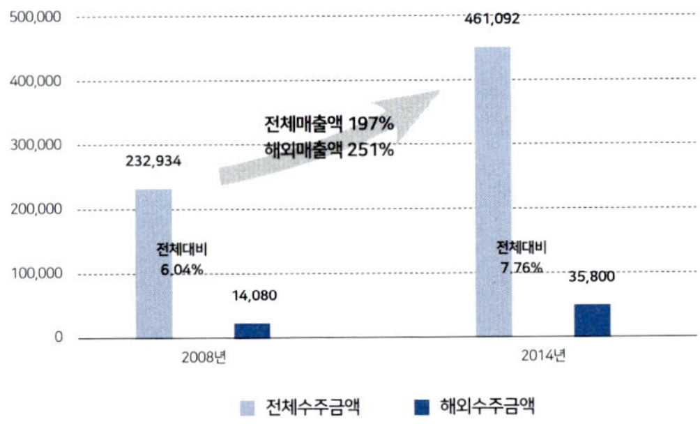

해외 CM기업들의 수주실적의 분석은 CM 선도국인 미국을 기준으로 미국과 그 외 국가 CM기업의 매출 실적으로 나누어 살펴볼 수 있다. 미국 CM기업의 수주 금액은 2006년부터 2015년까지 약 2.3배 증가했다. 미국 내 CM시장과 해외 CM시장 모두 증가했지만 특히 해외에서 큰 폭의 증가세를 보이면서 미국의 CM기업들 역시 새로운 해외시장으로 활발히 진출하고 있음을 알 수 있다. 이는 우리나라 CM기업들 역시 동남아시아나 중동과 같은 신규시장에서 미국 CM기업들과의 경쟁이 불가피함을 의미한다.

미국을 제외한 선진 CM기업의 매출을 분석한 결과 2004년부터 2014년까지 약 2.8배 성장했다. 주목할 만 한 점은 국내 CM기업의 실적과 달리, 기업의 전체 매출액에서 해외 매출액이 차지하는 비중이 약 70%로 상당히 높다는 것이다. 이는 해외 선진 CM기업의 경우 자국을 제외한 해외 CM시장에서 경쟁력을 갖추고 있으며 자국 시장에 대한 의존도가 높지 않다고 분석할 수 있다. 우리나라 역시 해외시장이 먹거리

[미국 100개 기업의 국내외 매출액 분석]

국토교통부

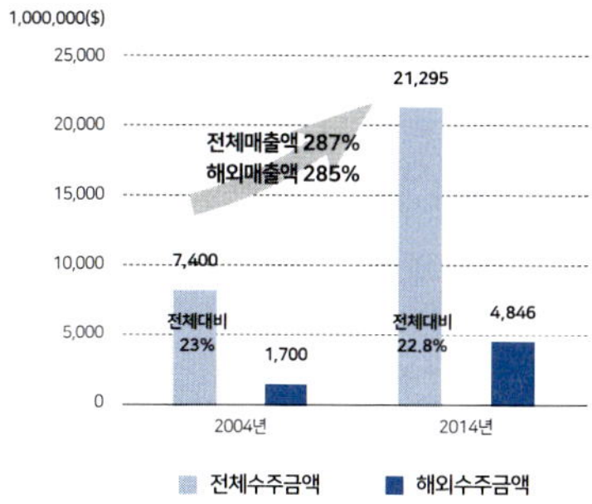

[Non-U.S. 기업의 국내외 매출액 분석]

국토교통부

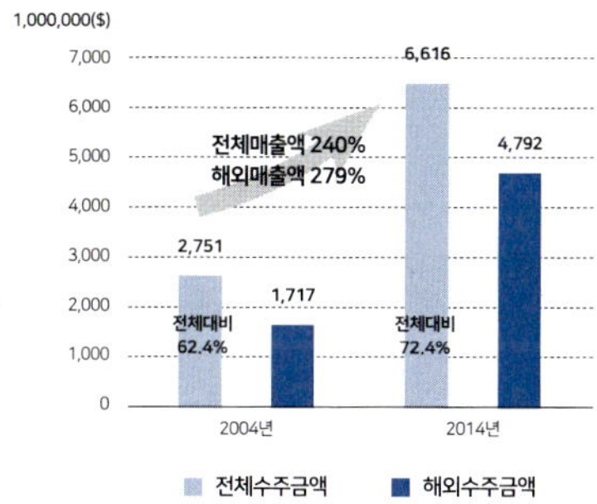

의 규모가 훨씬 클 것임을 생각해볼 때 현재와 같이 내수시장에 안주할 것이 아니라 해외시장의 수주비중을 높여야 할 것이다.

앞서 살펴본 바와 같이 국내 CM기업의 해외시장 수주건수는 점차 증가하고 있는 추세이다. 국내 기업들이 프로젝트를 수주하는 유형은 크게 여섯 가지 정도로 분류할 수 있다. 먼저 가장 많은 비중을 차지하는 유형은 기존 수행 프로젝트의 관련사 사업으로, 해당 CM기업이 발주기업과의 사업이력을 가지고 있거나 동일한 그룹의 계열회사로서 발주기업의 해외 프로젝트의 건설부문 CM업무를 독점 수행하는 유형이다. 이러한 형태는 최근에 더욱 증가하는 추세를 보이고 있다.

다음으로는 국내 기업들의 주요 한국원조사업에 참여하는 (예: KOICA 사업) 유형이 있으며 이는 최근 들어 감소하는 추세를 보인다. 이 두 가지 형태의 수주유형은 유사 업체들과의 경쟁을 통한 수주 보다는 이미 진출해 있는 사업과 연계된 수주이므로 엄밀한 의미에서의 해외진출 사례로 보기 어려운 측면도 있다. 이어서 국내 민간기업이 발주한 해외 CM

사업 (한국민간), 해외 민간기업이 발주한 해외 CM사업 (해외민간), 국내 공공기관이 발주한 해외 CM사업 (한국공공기관), 해외 공공기관이 발주한 해외 CM사업 (해외공공기관)의 순으로 이루어지고 있었다.

[국내CM의 해외진출 시 진출분야]

구분	2008	2009	2010	2011	2012	2013	2014	계
관련사 사업	4	7	5	12	15	15	21	79
한국원조사업	7	5	11	14	11	9	3	60
한국공공기관	2	2	2	5	3	5	0	19
한국민간	2	4	2	2	11	13	3	37
해외공공기관	0	3	2	2	4	3	1	15
해외민간	2	2	1	1	3	8	5	22
총 사업수	**17**	**23**	**23**	**36**	**47**	**53**	**33**	**232**

현업에 종사하고 있는 전문가들에게 향후 해외 CM시장 창출 가능성이 가장 큰 사업의 종류에 대해 설문한 결과, 우리나라 공공기관의 해외 발주사업이 가장 확률이 높을 것이라는 답을 얻을 수 있었다. 그 외 해외 공공기관 발주사업, 관련사 사업, 한국원조사업 등은 큰 차이 없이 비슷한 수준의 확률로 창출 가능성이 있다고 답했다. 다시 말해 기준이나 요구조건이 다양할 수 있는 민간사업 보다는 공공사업이 시장 창출에 더 용이할 것이라 예측하는 것이다. 즉, 해외시장에서 직접적으로 수주한 사례로 볼 수 있는 해외공공기관이나 해외민간 사업에 대한 수주건수는 아직 적은 편이라 할 수 있으며 앞으로의 시장 확대 또한 밝지 않다고 예측되고 있다. 이러한 현재의 상황을 극복하기 위해 해외시장 진출을 위한 역량과 새로운 전략을 강화할 필요가 있다.

해외 CM시장 변화가 주는 시사점

CM 프로젝트 발주 건수와 규모의 상승세를 고려할 때 CM시장에 대한 지속적인 수요가 있으며 성장가능성이 높은 시장임이 이미 확인되었다고 볼 수 있다. 이 중에서도 대형 복합사업 전체를 총괄 관리하는 PM 사업이 CM사업 전체에서 큰 비중을 차지할 것으로 예측된다. 따라서 해외시장 공략을 위해서는 국내 기업들의 PM 및 글로벌 역량 강화가 요구된다. 또한 미국 CM협회의 Bill Van Wagenen 전임회장은 향후 해외 CM시장의 실질적인 변화추세를 다음과 같이 세 가지로 예측하였는데, 이는 우리에게도 큰 시사점을 주는 내용들로서 미래 시장진출 전략 설정에 참고할 만하다.

- 대형 복합사업 전체를 총괄할 수 있는 Program Management의 필요성과 PM 전문가에 대한 수요가 증가할 것이다. 이것이 PM 분야에 이미 경쟁력을 갖추고 있는 미국이 CM시장을 계속 선도하고 있는 원인이라 할 수 있다.
- 기존의 공사수행방식(Project Delivery Method)과 다른 새로운 형태의 수행방식을 정의하고 활용할 필요가 있다.
- 프로젝트에 참여하는 모든 이해당사자들이 최대한 프로젝트 초기에 정보를 공유하고 협업체계를 구축해야 하며 그 체계를 참여주체들이 충분히 이해할 필요가 있다.

이러한 글로벌 CM 시장 요구의 변화를 잘 파악하고 이에 적절히 대응해야 해외 CM시장에서의 경쟁력을 갖출 수 있을 것이다.

3.

글로벌 CM시장에서의 경쟁력 확보전략

미래 건설산업의 모습

컴퓨터와 인터넷 기반의 지식정보 혁명기인 3차 산업혁명이 지나고 이제 4차 산업혁명이 도래하였다. 4차 산업혁명이란 3차 산업혁명을 기반으로 한 디지털과 바이오산업, 물리학 등의 경계를 융합하는 기술 혁명이다(WEF). 이러한 융합으로부터 새로운 창조가 이뤄질 것이며 이러한 흐름으로부터 창조된 기술로는 인공지능, 3D 프린팅, 자동차 자율 주행 기능, IoT, 바이오 테크놀로지 등이 있다. Klaus Shwab의 저서 '제 4차 산업혁명'에 따르면 IoT와 인공지능을 기반으로 사이버 세계와 물리적 세계가 네트워크로 연결돼 하나의 통합 시스템으로서 지능형 CPS (Cyber-physical System)가 구축될 것이라고 한다. 이에 따라 고도의 기술들이 융합되는 것이 자연스러운 흐름이 되면서 현재까지의 산업 내부에서의 경쟁은 무의미해지고 이제는 산업간 경쟁이 일반화될 것으로 예측된다. 이러한 경쟁을 통하여 어떤 산업은 더 고도화되는 반면 어떤 산업은 사라지거나 다른 산업에 병합될지도 모른다. 더 나아가 결국에는 산업

간 경계가 완전히 사라지는 날이 올지도 모른다.

이러한 급박한 변화의 흐름이 건설시장에는 어떤 영향을 미칠 것인가? 건설산업은 여전히 기술보다는 인력중심, 소프트웨어보다는 하드웨어 중심의 산업으로 인식되고 있다. 이러한 특성이 미래에 산업으로 살아남기 어려울 것이라는 자조적인 목소리가 나오는 이유다. 그러나 다른 산업과의 융합을 보다 적극적으로 추진한다면 충분히 독자적인 산업으로 성장할 수 있다. 건설산업은 지금까지 디지털 및 정보산업의 흐름을 받아들여 업무의 많은 부분을 자동화하거나 BIM등의 정보기술을 성공적으로 적용해왔다. 이러한 경험을 바탕으로 산업의 참여주체 모두가 새로운 기술과 다른 산업에 개방적인 태도를 가질 필요가 있다. 앞으로 인공지능, IoT 등에 기반한 생활편의 기술이 고도로 발전할 것으로 예상되면서 국민 삶의 질 향상이 기대된다.

건설산업도 이러한 4차 산업혁명의 거대한 흐름에 적극적으로 동참함으로써 사람들의 주거활동과 관련된 삶의 질이 향상될 수 있도록 신기술과의 융합을 시도해볼 수 있다. 또한 시장간의 지리적 경계는 점점 더 모호해지거나 사라질 것이므로 기술수준을 글로벌 표준까지 향상시켜야 하며 국내와 해외의 구분 없이 글로벌 인재를 육성하는 것을 목표로 산업전체가 노력해야 할 것이다. 무엇보다도 4차 산업혁명과 더불어 급변하는 건설시장에서 경쟁우위를 확보하기 위해서는 미래지향적인 시장전략과 기술전략이 요구된다.

해외선진 기업의 경쟁력

일반적으로 기업의 경쟁력은 시장경쟁력과 기술경쟁력으로 구분하여 설명할 수 있다. 시장 경쟁력은 시장 리스크를 완화하기 전략의 일환으로 지역다변화와 사업다각화를 통하여 확보할 수 있다. 건설기업의 특성상 시장 경쟁력은 기술 경쟁력과 상호 보완관계를 갖는다. 기술은 시장의 종류를 막론하고 진입장벽을 형성하거나 허물기 위한 경쟁무기로서 혹은 전략을 달성하는 수단으로 활용된다. 기업은 핵심 기술력 확보, 창조적이고 혁신적인 기업문화 조성, 전문화된 구성원 개발이 조화를 이룰 때 기술경쟁력을 확보할 수 있으며 이는 기술경쟁력의 핵심요소인 지식경영(KM), 경력개발프로그램(CDP) 및 연구개발(R&D)을 통해서

[기술경쟁력 핵심요소]

가능하다. 이러한 핵심요소들이 지금까지 세계적인 건설기업의 조직과 문화 및 기술수준에 다양한 변화를 초래하였다.

● 지식경영

세계적인 건설기업들이 운영하고 있는 지식경영(Knowledge Management) 시스템은 초기에는 정보와 지식의 공유, 효과적인 Communication 도구로 활용하기 위해 도입되었다. 최근 선진 건설기업들의 지식경영 수준은 지식창출 및 관리 단계를 넘어서 공유된 지식을 체계적으로 활용하고 이를 통해 지식가치 증진을 추구하는 단계에 이르렀다. 각 기업들은 IT와의 연계, Community Portal과 지식관리 전담팀을 운영하여 지식공유의 효율성을 극대화하고, 경력개발 및 교육시스템과의 연계를 통해 전사적인 지식공유 문화를 형성하고 있다.

● 경력개발프로그램

세계적인 건설기업들은 Human Resource Management의 일환으로 조직구성원의 핵심역량 강화와 조직과의 조화를 목적으로 다양한 경력개발 프로그램을 운영하고 있다. 이를 위해 각 건설기업은 사내 대학(Corporate University), 온라인 캠퍼스 등의 교육 프로그램을 도입하여 개인의 전문기술력 향상을 지원함으로써 사업수요에 필요한 인재를 육성하고 있다. 또한 구성원들의 효율적인 활용을 위해 개인 맞춤 경력경로(Career Path)를 기반으로 인턴쉽 제도, Mentoring 제도, 직무순환 제도, Dual Ladder제도 등을 운영하고 있다. 현재 이들 기업에서 운영중인 경력개발 프로그램은 IT와의 연계, 직급별 관리, 계속교육과정,

Monitoring Program 등으로 구성되어 있다. 이러한 프로그램들은 인간 지향적인 조직문화를 형성하여 기술활용의 효율성을 개선하고 경력경로의 청사진을 제공해준다. 이는 결과적으로 기업내 안정적 조직구조를 형성하고 기술전문가의 지속적인 육성과 보유를 가능케 한다.

● 연구개발

세계적인 건설기업들은 Joint Venture, Alliance, Licensing, M&A, R&D 등의 다양한 방법으로 필요한 기술력을 확보한다. 하지만 주요 사업 분야 중에서도 핵심기술력은 연구개발(R&D) 활동을 통해 확보하고 있다. 이들 건설기업은 시장 내 기술 우수성과 차별화를 위한 R&D 전략을 수립하고 이러한 활동을 지원하기 위한 Technology Center를 운영하고 있다. 또한 기술력을 매우 중요한 요소로 인식하고 Technology를 한 개의 사업영역으로 분리하여 독자적으로 관리하고 있다. 이러한 연구개발 활동은 주요 시장에서 뿐만 아니라 새로운 사업영역 개척에도 활용되고 있으며, 부가적으로 특허 출원을 통해 지속적인 수익을 창출하고 있다.

세계적인 건설기업들의 기술경쟁력을 조사한 결과 대부분이 핵심기술력 확보를 위한 R&D분야 투자, Web-based Portal 기반으로 한 KM 시스템과 CDP가 매우 잘 구축되어 있었으며, 각 요소의 효율성을 극대화하기 위해서 아낌없는 투자와 지속적인 개선 노력을 하고 있었다. 즉, 선진 건설기업들의 기술경쟁력 핵심요소가 KM, R&D, CDP라는 사실을 다시 한번 확인할 수 있었으며, 각 핵심 요소들은 해당 건설회사의 경영전략에 맞춰 지속적으로 변화하며 운영되고 있었다.

국내 기업의 경쟁력 강화

세계건설시장의 변화를 분석한 결과, 글로벌 건설기업들은 자사의 상태를 경영전략에 따라 적극적이고 능동적으로 대처함으로써 세계건설시장을 선도하며 Top Contractor의 자리를 유지하고 있었다. 선진 건설기업들은 당면한 외부환경 변화와 보유중인 내부역량의 정도에 따라 각기 다른 전략적 포지션(사업분야 집중화/다각화, 사업지역 다각화/집중화)을 선택하고, 능동적인 포트폴리오를 구성하여 리스크를 분산하는 경향을 보였다. 또한 기술경쟁력의 핵심요소인 연구 및 개발 활동에 대한 투자, 지식관리시스템의 도입, 경력개발 프로그램의 적용을 경영전략과 연계하여 시너지효과를 보여주고 있었다. 이와 같은 글로벌 건설기업의 시장전략과 기술경쟁력 강화를 위한 다양한 시도에서 얻은 시사점을 바탕으로 국내 CM기업을 포함한 건설기업의 경쟁력 강화방안을 제시하면 다음과 같다.

● 창의적인 건설상품 및 사업발굴

건설기업의 생존은 시장창출과 불가분의 관계에 놓여있다. 건설기업은 생활환경을 창조하는 건설산업의 고유기능을 유지하면서 정보통신, 의료, 복지, 교육 등 다른 분야와 연관된 융복합 형태의 건설상품 개발과 새로운 사업발굴을 위해 모든 역량을 기울여야 한다.

● **첨단기술의 개발과 활용**

건설기업의 경쟁력은 기술수준에 의해 크게 좌우된다. 기술경쟁력을 확보하기 위해서는 첨단건설기술의 개발과 활용에 치중해야 한다. 기술개발투자가 어려운 경우에는 특화기술을 보유한 중소기업과 제휴를 통한 기술획득방안을 고려할 필요가 있다.

● **건설지식경영체계의 구축**

미래에는 해당분야와 연관된 정보와 지식의 활용이 기업경쟁력에 큰 영향을 미치게 되므로 이를 위한 지식경영체계를 구축할 필요가 있다. 최근 여러 분야에서 적용하고 있는 Big Data 개념을 도입하여 의사결정의 신뢰성을 높이도록 해야 할 것이다.

● **조직구성원의 업무능력 향상**

건설기업 조직구성원의 업무능력은 기업경쟁력에 많은 영향을 준다. 따라서 기업마다 CDP를 구축하고, 이를 활용하여 보유인력의 역량평가에 기반한 보상체계를 확립하여야 할 것이다. 특히 조직구성원에게 건설분야 글로벌 스탠다드를 숙지시키고 기업의 사회적 책임과 윤리의식을 강조할 수 있도록 준법(Compliance) 제도를 운영할 필요가 있다.

● **건설사업 프로세스의 혁신**

건설기업의 경쟁력을 높이기 위해서는 건설사업 프로세스의 혁신을 통한 생산성의 획기적인 개선이 요구된다. Lean Production과 같은 최신 프로젝트 경영기법을 활용한 건설프로세스의 낭비 제거를 통해 공기 단축과 원가절감을 도모할 필요가 있다.

● 건설공급사슬관리

건설프로젝트의 달성목표인 품질은 기업경쟁력의 중요한 요소이다. 전문기술을 보유하고 있는 협력업체들이 최고의 능력을 발휘할 수 있도록 작업환경의 개선이 요구된다. 물리적인 안전관리 보다는 정서적인 안전관리에 관심을 가져야 할 것이다.

● 건설참여주체간 통합적 협력

건설사업에 참여하는 발주자, 설계자, 시공자 등 매우 다양한 주체들간의 통합적 협력이 요구된다. 파트너십을 통하여 참여주체간 사업목표를 공유하고 신뢰를 유지하면서 공개적인 의사소통으로 적정수익을 실현하도록 서로 협력해야 할 것이다.

글로벌 건설시장을 선도하기 위한 건설경쟁력 강화 방안을 실현하려면 건설기업 구성원의 노력이 가장 중요하지만 자체적인 노력만으로는 한계가 있으며 국가적 차원의 건설정책과 제도의 혁신 또한 수반되어야 할 것이다.

4.

국내 CM 기업의 시장확대 방안

신규 CM시장의 창출

CM사업 뿐만 아니라 기존의 건설프로젝트의 주된 수주경로는 매우 한정적이라 할 수 있다. 사업을 발주하는 발주처들이 공고를 내면 이를 주기적으로 확인하여 수행 가능한 사업을 선정하고, 입찰에 참여하여 수주하는 방식이 대부분이다. 해외사업의 경우는 해외에 파견된 지사, 혹은 해외에 본사를 두고 있는 경우는 본사에서 얻은 정보를 국내 회사에 제공함으로써 수주기회를 얻는 경우가 많다. 위의 두 가지 방법은 발주처가 정보를 제공하는 방식에 따라 수주의 난이도 및 성과가 달라지는 특징이 있다. 이는 발주처가 필요한 정보를 일방적으로 제공하는 형태로 정보의 전달이 이루어질 수밖에 없기 때문인데, 이러한 경우 자연스럽게 발주처와의 우호적인 관계를 가지고 있거나 회사 자체의 규모가 크고 가용인력이 많을수록 정보기반 수주 경쟁력에서 앞설 수 있다. 결국 업계에서 경험이 많은 업체일수록 점점 유리한 고지를 점령할 가능성이 높아지는 일종의 기회의 부익부 빈익빈 현상으로 이어진다. 이러한 현상을 나쁘게만 볼 수는 없으나 신규 사업자가 시장에 진입하기 어렵기 때문에 시장이 점점 보수적, 폐쇄적으로 변할 여지도 있다.

기존의 방식을 보완하고 새로운 시장을 창출하고자 하는 노력에는 다양한 방법이 있겠지만, 일방향으로 이루어지는 발주 및 수주 과정을 바꿔보는 것도 의미가 있다. 쉽게 말해 예비 발주처가 필요로 할 것으로 예상되는 프로젝트를 공급자가 미리 예측하여 제안해보는 형태다. 실제로 우리나라 건설업계가 협업을 통해 중동지역에 신도시, 플랜트 건설 등을 먼저 제안하여 실제 프로젝트 수행으로 성사된 사례가 있을 만큼, 이러한 시도가 완전히 새로운 것은 아니다. 해외시장에서의 경쟁은 갈수록 치열해질 것으로 예상되며 이제는 국내 기업 간의 경쟁뿐 아니라 글로벌 선도기업과의 경쟁이 불가피할 것은 이미 예측된 사실이다. 이러한 환경에 적응하고 생존하기 위해서는 남들보다 한 발 더 뛰거나 기존의 패러다임을 바꾸려는 시도가 필요하다. 특히 해외 CM시장 진출의 경우 진출하고자 하는 국가 또는 기업을 대상으로 필요한 사업을 선(先)제안하는 시도가 바로 이에 해당할 것이다. 실제 관련 전문가에게 설문한 결과에 따르면 이미 업계에서도 사업 선제안 시도의 필요성을 충분히 인지하고 실천해가고 있다는 답변을 얻을 수 있었다

그렇다면 이러한 선제안 사업의 성공확률을 높이기 위해서는 어떠한 노력이 추가적으로 필요할까? 가장 많이 지적되는 요소는 전문인력의 양과 해당 인력의 실질적인 업무역량이다. 특히 해외시장은 해당 국가마다 사업수행의 조건이나 환경이 다르기 때문에 사업결과가 가져올 결과에 경제성 분석이 매우 어렵다. 이 때, 해외 CM사업 수행경험이 풍부한 전문가가 많을수록 사업수행 중 발생할 수 있는 돌발 상황에 대

한 대처나 현지 상황 분석 등에 대한 노하우를 충분히 활용할 수 있다. 현재는 이러한 역량과 경험을 갖춘 전문가의 양과 질이 모두 부족해서, 사업을 선제안하는 것에 따르는 리스크가 상대적으로 더 크게 작용할 수 있다.

다음으로 해결이 필요한 것은 현지에서의 자금조달 문제이다. 해외에서의 사업수행 자체가 가지는 리스크도 이미 크지만 그 중 특히 많은 비중을 차지하는 것은 자금 및 투자문제라 할 수 있다. 완성도 높은 사업계획과 경제성 분석이 가능하다 하더라도 이를 뒷받침할 수 있는 금융정보의 신뢰성이 담보되지 않으면 큰 실패로 돌아올 수 있기 때문이다. 따라서 이 역시도 경험이 풍부한 전문인력을 육성하여 해결하거나 국내외 관련 전문가와의 안정적인 협업 네트워크를 구축하는 등의 노력이 필요하다.

아시아 건설시장, 특히 동남아시아를 중심으로 한 개발도상국들의 건설시장은 향후 지속적인 성장세를 나타낼 것으로 분석된다. 매년 안정적인 경제성장률을 달성하고 있는 동남아시아 국가들은 시장 잠재력 측면에서 전략적 중요성이 크다. 그러나 이러한 시장 가능성에 비해 제도와 법률적 기반이 상대적으로 취약하고 전문인력이 부족하여 건설산업의 전반적인 수준은 낙후한 상태로 개선이 필요하다. 이점에 착안하여 대상국의 건설환경을 한국 건설친화형으로 개선하기 위하여 우리나라 건설생산 시스템을 선제적으로 공급하고 이를 통해 CM수요를 창출하는 대상국 맞춤형 진출기반 구축 프로그램 개발이 현재 진행되고 있다. 이 내용을 간단하게 살펴보면, 먼저 대상국에 적합한 건설관련 법 및 제도 개선을 지원하고 건설기술 및 기술 표준, 사업관리체계 및 절차를 제공한다. 동시에 건설기술 및 사업관리 전문인력을 육성할 수 있도록 교육프로그램을 지원하거나 직접 교육을 수행한다. 이와 같은 과정을 통해 한국 친화형 건설산업 기반을 구축한 후 대상국의 수요자 그룹과 국내기업 간 협력이 가능하도록 CM협력위원회를 결성하고 파트너링을 지원한다. 대상국 주요 건설프로젝트의 CM시범사업 지원을 통한 실제 수행사례를 쌓아감으로써 궁극적으로는 대상국 CM시장 진출 활성화를 도모할 수 있다.

이러한 CM제도 공급 방안에서 '한국친화형'이라 함은 우리나라의 방식을 그대로 주입한다는 의미보다는 한국건설이 시행착오를 겪으면서도 빠르게 성장했던 경험을 바탕으로 형성된 무형의 시스템을 전달한다는 의미가 더 크다. 우선 진출 대상국인 동남아시아 국가들의 경우 현재의 건설산업 환경이 과거 우리나라의 환경과 유사한 측면이 많고, 동남아시아 국가들이 우리나라의 건설산업 시스템이나 노하우를 적극적으로 받아들이고 적용하려는 의지가 강하다. 이에 착안해서 우리나라 건설에 익숙한 제도와 법률적 기반 등을 전달하면 한국 건설산업에 친숙한 환경이 조성될 수 있고, 이는 결국 우리나라가 현지에 진출하는 데 있어 CM 선도국가들과의 경쟁에서 보다 유리한 조건을 선점할 수 있는 계기가 될 것이다.

이러한 전략의 기반이 되는 기본정신은 '대상국과의 상생'이라 할 수 있다. 즉, 우리나라와 대상국 모두 이득을 취할 수 있는 관계를 유지하면서 각자가 필요한 것을 주고받는 관계를 형성하는 것을 목표로 해야 한다. 우리나라의 시스템이나 법률, 제도를 공유함으로써 대상국은 건설선진화로 가는 기반을 구축할 수 있고 우리나라는 이를 통해 한국친화형 건설환경을 조성함으로써 대상국 CM시장 선점, 건설시장 발주자 및 수요자 정보 획득, 관련자와의 인적 네트워크 형성 등의 효과를 얻을 수 있다.

여기서 대상국에 구축하고자 하는 건설 선진화 기반은 기술기반, 사업관리기반, 인력양성기반의 세 가지로 나누어 설명할 수 있다. 먼저 기술기반은 말 그대로 건설기술과 관련된 것으로써 기술기준 및 표준, 법령 및 제도 등을 제시하는 것이다. 사업관리기반은 대상국이 상대적으로 취약한 사업관리 체계 및 절차 등에 대한 경험적 지식을 제공하는 것이다. 마지막으로 인력양성기반은 건설기술과 사업관리로 대표되는 CM 전문분야를 자체적으로 수행할 수 있는 전문인력을 양성할 수 있

[대상국 맞춤형 진출 기반 구축 프로그램의 상생전략 프레임워크]

한국CM협회

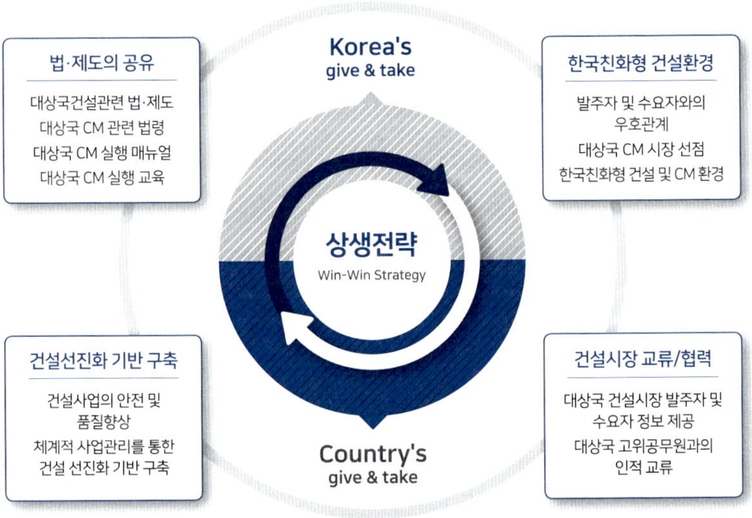

도록 하는 것이다. 위의 세 가지 기반을 구축하고 다지는데 충분한 시간적, 물질적 투자가 이루어진 후에 대상국에 특화된 진출 전략이 도출될 수 있을 것이다. 이 프로그램의 실행을 위해 크게 세 단계, 사전준비단계, 연구사업단계, 사업화준비단계로 나누어 정부, CM협회, 연구진 및 참여기업의 역할을 분담한 후에 실행전략을 수립했다.

● 사전준비단계

CM협회가 주관하고 국토교통부의 지원을 받아 대상국 건설부와 MOU 체결 후 정부 관료와 협력체계를 구축하고 이를 바탕으로 정부의 지원예산을 확보함.

● 연구사업단계

연구진이 주관하고 국토교통부, CM협회, 관련 기업들의 지원을 받아 대상국 맞춤형 진출 기반구축 프로그램을 직접 수행하고 이를 바탕으로 시범사업 발굴 추진. 대상국의 주요 건설기업을 파악하고 국내 기업과의 Joint Committee 설립함. Joint Committee는 이 프로그램을 효과적으로 수행할 수 있는 주체로써, 프로그램의 지속적 운영을 위해 대상국 기업의 적극적인 참여를 유도하는 역할을 수행할 수 있음.

● 사업화준비단계

관련 기업이 주관하고 CM협회의 지원을 받아 앞서 생성된 기반구축 프로그램을 지속적으로 수행하고 운영/관리하여 연구사업 종료 후에도 지속적으로 새로운 CM시장을 창출할 수 있도록 함.

위의 실행전략과 더불어, 국내 CM업체들의 개발도상국 CM시장 진출에 실질적 도움이 되기 위한 다른 주체들의 노력에는 어떤 것들이 있을까? 우리 내부의 정책 또는 법제도를 다른 나라에 전달하는 행위가 성공적인 결과를 가져오기 위해서는 무엇보다 전달하고자 하는 내용(콘텐츠)의 품질이 좋아야 할 것이다. 즉, 국내 CM의 역량 강화를 통해 우리가 지원하고자 하는 한국친화형 CM제도와 시스템을 더 향상시킬 수 있도록 내용(콘텐츠)을 지속적으로 발전시키는 것이 기본이다. 또한 국내 기업들이 진출할 수 있는 발판이 마련되었을 때, 국내 기관들 간 체계적인 업무분담과 정보공유를 통해 과거 해외시장 진출할 때 처럼 과도한 경쟁을 초래하지 않도록 주의해야 할 것이다.

국내 CM역량 강화에 가장 필수적인 요소는 역량을 갖춘 전문인력을 육성하는 것이다. 이는 개발도상국 CM시장의 진출 뿐만 아니라 해외 CM시장의 창출, 나아가 선도 기업과의 경쟁에도 반드시 필요한, 가장 시급한 과제이자 전략이다. 그 중에서도 개발도상국 시장진출의 경우 해당 국가를 지원하는 우리나라의 전문인력을 육성하는 것과 동시에, 해당 국가의 CM 전문인력을 함께 육성할 필요가 있다. 현지 인력양성을 통해 해당 국가의 자생적 CM시장 발전을 지원하고, 동시에 국내 기관들과의 협업 숙련도가 높은 현지 인력을 확보함으로써 향후 CM사업 수행에도 긍정적인 영향을 줄 수 있다.

앞에서 언급한 다양한 수행전략을 실천하기 위해서는 정부와 유관기관의 지속적인 관심이 필요하다. 정부가 지원해줄 수 있는 방식은 여러가지가 있는데, 가장 중요한 점은 외교적으로 해당 국가와 안정적인 우호관계를 유지하는 것이다. 물론 국제 정세에 따라 급변할 수 있는 것이 국가 간 관계이지만, 단위 업무 레벨에서 만큼은 협업에 어려움이 없도록 힘을 실어주는 노력이 필요하다. 또한 국토교통부 등 건설프로젝트와 직접 관련이 있는 정부기관에서 개발도상국 CM시장 진출 프로그램에 대한 지속적인 관심을 가지고 Joint Committee에 적극적으로 참여하는 등의 지원을 통해 성공사례를 만든다면 향후 진출 대상국의 범위를 넓혀나가는 데도 도움이 될 것이다.

정부기관의 도움이 가장 절실한 부분은 해당국가에 대한 양질의 정보 획득이다. 해외시장 진출을 위해서는 대상국가의 건설관련 정보 뿐 아니라 경제·사회, 정치, 금융 등 다양한 분야의 정보가 복합적으로 필요하다. 그러나 개별 기업단위에서 시장진출 전에 필요한 정보를 충분히 수집하기에는 물리적인 제약으로 인한 한계가 명확하다. 그럼에도 불구하고 각 기업들은 정보수집이 필수적이기 때문에 각자의 시간과 돈을 투자하여 정보를 수집하고 있는데, 결과적으로는 정보의 신뢰도가 떨어지거나 양이 터무니없이 부족한 점 등의 어려움이 반복되고 있다. 개별 기업들의 해외 시장 관련 실무자와 면담을 해보면 정보수집 문제로 반복되는 어려움을 해결하는 것이 시급하다는 것을 알 수 있다. 만일 국가기관에서 개발도상국을 중심으로 국내 건설산업의 시장 진출 가능성이 높은 국가들에 대한 신뢰도 높은 정보를 수집하고 이를 공유할 수 있도록 하면, 개별 기업단위에서 수행되던 중복적인 정보수집 업무를 줄여 업무효율을 높일 수 있다. 또한 정보수집의 경쟁에서 뒤쳐질 수밖에 없는 중소기업 역시 업무 부담을 덜면서 새로운 시장에 진출할 수 있는 확률을 더 높일 수 있다. 이는 지금과 같은 대기업 중심의 해외시장 진출 구조에서 보다 다양한 기업의 시장 진출을 지원하는 결과로 이어질 수 있다.

정부기관을 비롯한 여러 건설참여 주체들의 노력과 함께 조금 더 고민이 필요한 부분은, 우리가 제공하고자 하는 '한국친화형' CM제도와 시스템이 장기적인 관점에서도 유효할 것인가 하는 문제이다. 국내 CM 업계 뿐 아니라 건설산업이 그간 빠른 발전을 이루면서 국가의 기간산업으로 자리 잡은 것은 분명 경쟁력을 가지고 있음을 의미한다. 그러나 한편으로는 과거의 화려했던 시절만 되새기며 글로벌 경쟁력을 갖추는 노력에는 소홀했다는 지적이 끊이지 않고 있다. 산업분야를 막론하고 빠른 속도로 경쟁은 심화되고, 우리가 경쟁해야 될 대상은 글로벌 시장에 참여한 모든 주체로 확장될 것이 분명하다. 급변하는 환경 속에서 한국친화형과 글로벌 스탠다드가 일치하지 않는다면 이러한 전략이 장기적으로 효과를 거둘 수 있을지에 대해 비판적인 시각을 가질 필요도 있다.

글로벌 CM시장으로의 진출 전략

국내 기업의 해외 CM시장 진출을 위한 전략은 크게 글로벌 전략, 시스템, 전문가의 세 영역으로 나누어 수립할 수 있다.

- **글로벌 전략**
  - 글로벌 스탠다드에 부합하는 가격, 품질, 기술력 확보
  - 전략적 지역 선택 및 지역의 건설환경 분석
- **글로벌 시스템**
  - 글로벌 전문가 양성 시스템 구축
  - 국내외 구분 없는 글로벌 프로젝트 운영 시스템 구축
- **글로벌 전문가**
  - 진출 대상 지역의 환경분석 전문가 필요
  - 글로벌 관점의 경영 및 시스템 관리 전문가 육성 필요

이와 더불어 기존의 한정된 해외시장 진출 방식에서 탈피하여 다양한 진출 전략을 세울 필요가 있다. 예를 들어 공기업과 대기업, 또는 투자사와 개발사와 같이 서로 다른 특성을 지니면서 상호 보완 가능한 기관 간 협업을 통해 진출하는 것도 경쟁력 확보에 도움이 될 수 있다.

해외에서 사업을 수주하고 수행하는 것이 국내 사업과 가장 다른 점은 사업수행 시 발생할 수 있는 리스크가 현저히 높아진다는 것이다. 즉, 해외시장으로의 성공적인 진출 전략은 곧 발생 가능한 리스크를 최대한 줄이는 전략을 의미한다. 해외시장을 경험한 전문가들에 따르면 사업수행 시 가장 리스크가 높은 분야는 '금융'이라고 언급한다. 프로젝트 수행 시 필수적인 자금조달 문제가 해당 국가의 금융 및 경제상황에 따라 급변할 수 있기 때문이다. 특히 자금조달 또는 공사 이행보증 등이 필요한 경우 국가차원에서의 적극적인 지원이 필요하다는 목소리가 많다. 해외사업의 경우에는 계약단계에서부터 실제 수행단계에 이르기까지 적용되는 법규나 제도, 계약관행 등이 천차만별이다. 특히 자금을 조달하는 과정에서 준비해야하는 문서나 요건 등에 대한 정보가 전반적으로 부족하고, 이로 인해 사업추진 당시에 예상하지 못한 어려운 문제를 겪는 경우가 많다. 이의 연장선상에서 해외 사업수행 시 발생할 수 있는 법적 분쟁이나 클레임에 대응할 수 있도록 보증을 서거나 리스크 분담 정책으로 지원해 줄 필요가 있다.

현재까지의 해외시장 진출사례를 살펴보면 기업들이 예상되는 수익만을 고려하여 자신들의 장점을 살리는 전략 등은 고려하지 않은 채 저가 수주경쟁에 뛰어들다가 어려움을 겪는 경우가 많다. 저가 수주라는 단순한 전략적 접근보다는 스마트 시티, 인텔리전트 초고층 프로젝트 또는 친환경 신재생 에너지 개발 등 새롭게 성장하고 있거나 성장 가능성을 보이는 분야를 먼저 개척하고 개발할 필요가 있다.

이외에도 여러 전문가들이 국내 CM업체가 글로벌 시장에 진출함에 있어 고려해야 할 전략들을 다양하게 제시하고 있으며, 관련 연구들도 다수 찾아볼 수 있다. 향후에는 보다 구체적인 전술과 방법까지 제시되어야 하겠지만, 여러 가지 전략 중 저자가 가장 중요하다고 생각하는 세 가지를 정리해보면 아래와 같다.

● 성장 가능성을 고려한 전략적 투자

글로벌 CM시장에서 CM업체의 역할은 미래 성장 가능성이 높은 건설관련 사업을 발굴하고, 그 사업의 특성에 적합한 관리를 수행하는 것이다. 예를 들어 EPC (Engineering/Procurement/Construction) 형태의 플랜트 사업에서 CM업체는 플랜트 사업 단계별로 충분한 전문지식과 관리능력을 갖춘 사람을 CMr로 참여시켜 사업이 성공적으로 수행될 수 있도록 관리하는 역할을 담당한다. 따라서 CM업체는 다양한 형태의 프로젝트에 대한 충분한 경험과 지식을 가진 전문가를 보유할 필요가 있다. 향후 글로벌 시장 진출을 위해서는 미래 성장 가능성이 있는 분야의 건설관련 프로젝트에 적합한 사업관리 전문가를 빠르게 육성하거나 영입하는 전략적인 투자가 요구된다.

앞에서 예로 들었던 '스마트 시티'의 경우 도시 전체 관점에서 주거환경 및 도시관리에 ICT 기반의 요소기술들을 적용하는 분야라 정의할 수 있는데, 스마트 시티와 연관된 건설프로젝트에 대한 수요는 점차 증가할 것으로 예상되고 있다. 국내 CM업체들이 이러한 기술시장의 흐름을 빠르게 읽을 수 있다면 스마트 시티에 필요한 요소기술들을 응용할 수 있는 전문가를 육성하는 데 투자함으로써 해당 시장에 대한 우위를 선점할 수 있을 것이다. 스마트 시티와 같이 건설 이외의 전문분야에서 이미 개발된 첨단기술들을 건설분야에 적용하는 것은 건설프로젝트에서 꾸준히 시도하고 있는 기술 융복합 및 프로세스 통합의 한 방식으로 볼 수 있다. 따라서 향후 수요가 증가할 것으로 예상되는 미래기술에 대해 우선순위를 두고 투자하는 것이 장기적인 관점에서 CM시장의 영역을 확대하기 위한 중요한 전략이 될 수 있다. 이를 위해서는 새로운 프로젝트에 요구되는 요소기술들을 파악하고, 이러한 기술들을 적용하려면 어떤 수준의 변형과 응용이 필요한지 확인한 다음, CM의 목표라고 할 수 있는 비용절감과 품질향상의 관점에서 편익을 분석하는 전략적인 연구개발이 선행되어야 할 것이다.

● 기술역량의 강화

앞에서 건설기업의 기술경쟁력 강화에 대해 살펴보았는데 같은 맥락에서 국내 CM업체의 기술역량 강화를 위해서는 CM분야의 KM, CDP, R&D 활성화를 추구하면 될 것이다. 우선, 그동안 경험하였던 CM프로젝트의 성공 또는 실패사례에서 얻은 교훈적 지식을 활용할 수 있도록 지식경영체계를 구축한다. 또한 회사가 보유한 CM전문가들의 업무역량 평가를 통해 부족한 기술을 보완하고 새로운 기술과 지식을 습득하도록 도움을 주어야 한다. 이러한 기술역량은 현장경험과 교육을 통하여 강화할 수 있다. 최근의 연구개발은 열린 혁신(Open Innovation)에 근거하여 산학협력을 통한 성과공유가 대세이다. 이러한 맥락에서 CM업체들 상호간 공동연구를 수행하면서 학협회에서 주기적으로 갱신하는 CMBOK을 활용하는 것도 하나의 방법이다. 또한 선진기업의 현저한 기술차이를 단시간내에 극복하기 위해서는 우리나라 기업들이 부담스럽게 생각했던 기술제휴 및 특허획득, M&A 등을 적극적으로 시도할 필요가 있다.

최근 미국의 PMI와 유럽의 IPMA에서 국제표준으로 도입한 PM정의(ISO 21500)에서 미래지향적으로 확장한 PM의 역할을 숙지하여야 한다. 그동안의 PM은 프로젝트의 기획에서 설계와 시공 및 유지관리에 이르는 생애주기 관리에 중점을 두어왔다. 그러나 미래의 PM은 프로젝트 이전 단계 즉 프로젝트 발굴과 생성에 더 큰 관심을 가져야 한다. 즉, PM은 사회환경 변화를 인지하고 시장의 트랜드 분석을 통하여 새로운 사업기회를 발굴하고 이를 사업화하는 역할에 치중하여야 한다. 이는 기존의 프로젝트 관리에서 벗어나 마케팅 측면에서의 PM 역량을 발휘하는 신개념 프로젝트 경영을 의미하는 것이다.
그 밖에 CM역량 향상을 위해 고유의 프로젝트 지식영역에 추가하여 CM 전문가가 겸비해야할 기술 영역을 확장해야 하는데 이러한 분야로는, 프로젝트 금융, 협상, 계약 및 설계관리, 클레임 분석, 이해관계자 관리 등이 있으며 이러한 기술역량을 확보하기 위해서 개인과 기업이 함께 노력해야 한다.

● CM 전문가 육성체계의 점검

우리나라의 CM 전문가는 제대로 육성하고 있는가? 이 질문은 국내에 CM제도와 CM시장이 도입된 이래 수많은 학술행사와 다양한 토론회에서 지속적으로 거론되고 있지만 아직도 그 답은 부정적이다. 다만 긍정적인 변화는 있었다. 무엇보다도 대학 교육과정에서 CM전공이 자리를 잡은 것이다. 2000년대 초반까지 CM교육을 제공하는 국내 대학은 소수에 불과하였지만 현재는 대부분의 대학에서 CM전공 교수를 채용하여 교육과 연구를 수행하고 있다. 또한 대학원에서 CM 전공 학위를 받았거나 학협회에서 운영하는 CM교육 프로그램을 이수한 전문인력은 이제 수천명에 이른다. 또한 국내외 대학에서 CM전공 박사학위를 받고 연구원이나 교수요원으로 활동하는 인력도 수백명이나 된다. 이처럼 전문인력의 수는 양적으로 증가하였지만 현업에서 CM사업을 전담하는 전문인력의 기술역량은 해외사업을 수행하기에는 아직도 미흡한 수준이라고 할 수 있다.

최근 해외 건설시장에서는 EPC 프로젝트를 중심으로 CM용역이 수행됨에 따라 플랜트 사업과 같이 복잡하고 규모가 큰 프로젝트에서 CM 전문가의 활용은 필수적이다. 따라서 미국과 같은 건설선진국에서는 자연스럽게 CM교육에 대한 관심이 높아 다양한 교육프로그램이 운영되고 있는 반면, 우리나라의 경우는 여전히 건축 또는 토목공학의 세부전공으로 교과과정이 편성되어있다는 점에서 교육의 밀도가 다르다는 지적이 많다. 물론 점차적으로 CM교육의 질적 개선이 이루어지고 있지만, 이론 중심의 기본적인 교육과정 이외의 사례 중심의 실무교육은 기업의 과장급 이상 경력자에 한해서 단기적으로 이루어지는 경우가 많다. 따라서 CM교육의 효과를 높이기 위해서는 대학의 이론교육과 기업의 실무교육이 연동되는 실용적 교육프로그램을 개발할 필요가 있다. 또한 CM전공이 건축 및 토목공학의 세부전공으로 구성된 현재의 체계를 확장해서 Project Management가 중심이 되는 통합프로그램을 개설하고 그 중에서 건설 프로젝트를 사례로 다루는 교육방식을 고려해 볼 수 있다. 이를 위해서는 관산학의 역할분담을 전제로 CM/PM 전문가 육성체계에 대한 전반적인 개선이 요구된다.

5. CM시장의 미래와 전망

국내 건설산업은 아직도 여러 부처에 산재되어 있는 건설관련 법령과 규제, 비합리적인 발주 및 입낙찰 제도, 칸막이식 업역구조와 중층 하도급 관행, 대국민 부정적 이미지 등과 같은 고질적인 문제에서 벗어나지 못하고 있다. 건설산업이 생존을 넘어서서 지속적으로 성장하려면 이러한 문제들의 해결과 더불어 건설산업 생태계의 혁신이 필요하다. 건설산업의 생태계는 건설참여주체의 상호존중과 협력 및 공동이익 추구를 바탕으로 형성될 수 있다. 건설산업의 생태계의 혁신을 위해서는 건설통합법의 제정을 비롯하여 글로벌화를 위한 건설플랫폼의 정립과 건설업역구조의 개편이 선행되어야 한다. 이러한 관점에서 참여주체의 협력과 공동이익을 추구하는 CM은 건설산업 생태계 혁신에 주도적인 역할을 담당할 수 있을 것이다. 건설산업 생태계가 혁신되면 성과위주의 자유로운 경쟁이 가능해지고 IPD(Integrated Project Delivery)와 같은 새로운 사업수행방식이 활성화되면서 자연스럽게 미래 CM시장의 동반성장을 기대할 수 있을 것이다.

앞에서 언급한 제4차 산업혁명의 전개에 따라 건설산업의 패러다임도 획기적으로 변화할 것으로 예상된다. 예를 들면 자율주행차량을 위한 스마트 도로건설과 교통체계 구축이 시급해졌으며, IoT 기술은 스마트 시티의 다양한 시설물을 연결하는데 활용될 전망이다. 이제 3D 프린팅 기술이 건설에 도입되면 모듈러 건축의 활성화에 큰 영향을 미칠 것이고, 프로젝트 경영의 의사결정 정보를 제공하는데 Big Data 기법이 중요한 역할을 할 것으로 기대된다. 이러한 변화에 부합하여 국내외에서 건설산업의 신성장 동력으로 부상하는 프로젝트들을 눈여겨 볼 필요가 있다.

건설산업의 신성장 분야에는 도시재생, 스마트 신도시, 극한지 건설, 우주건설 등의 대규모 사업을 비롯하여 헬스케어 시설, 리모델링, 모듈러 건축, 재해복구, 초고층 건축 등 첨단기술과 공법을 요구하는 사업들이 포함된다. 따라서 CM시장 또한 건설산업의 신성장 동력과 병행하여 새롭게 창출될 것으로 전망된다. 이와 같은 신성장 동력과 연계된 CM시장에서의 경쟁력을 확보하기 위해서는 무엇보다도 CM 관련기술의 개발과 더불어 프로젝트 경영역량을 갖춘 전문가 육성에 전력해야 할 것이다.

CHAPTER

04

CM정책과 CM제도의 격차를 줄여야한다

김한수 교수

04

CM정책과 CM제도의 격차를 줄여야한다

CM정책은 CM산업의 비전과 방향성을 제시하는 이정표이며, CM제도는 CM기업이 따라야 할 '게임의 법칙'을 담은 룰 북(Rule Book)이다. CM정책이 총론을 제시하는 전쟁전략(War Strategy)이라면, CM제도는 각론을 다루는 전투계획(Battle Plan)에 비유될 수 있다. 따라서 CM제도는 CM정책목표를 달성할 수 있는 내용을 담고 또 그렇게 운영되도록 CM정책과 튜닝(Tuning) 되어야 한다. CM정책을 통해 가슴 설레는 미래지향적 비전을 제시하여도, CM제도가 이를 각론적으로 받아주지 못하고 운영되지 못한다면 CM정책목표는 공허한 선언에 머무르게 된다. CM기업에게 CM제도는 피부로 느끼는 CM정책이다. 매일 매일 CM시장에서 CM비즈니스라는 '전투'를 치르고 있는 이들이 승리를 꿈꾸고 도전하는 것은 CM제도를 통해 가슴 설레는 CM정책목표를 체감할 수 있을 때 가능하다.

CM정책과 CM제도라는 주제로 이 글을 집필하는 과정에서 필자는 많은 CM기업과 대화의 기회를 가졌다. 이 과정에서 CM정책목표와 CM제도 간에 격차가 존재하고 있음을 발견하게 되었고, 이 격차를 줄여나가는 것이 CM산업의 미래를 위한 CM제도의 방향성이라는 결론을 내리게 되었다. 따라서 본 장은 CM산업의 미래 발전과 경쟁력 향상을 위해 CM제도가 지향해야할 올바른 방향성을 제언하기 위한 목표로 집필되었다. 구체적이고 각론적인 CM제도의 개선방안을 제시하는 것이 집필의 목적은 아니다. 대신 앞으로 다가올 또 다른 CM 20년, CM 40주년을 위해 CM제도는 무엇을 추구하고 어떤 선택을 해야 하는가를 제언하는데 집중하였다.

논의에 들어가기 전에, 앞서 다른 장에서도 이와 관련된 다양한 의견들이 제시되었는데, 본 장은 주제 자체가 CM 정책과 제도를 다루고 있으므로 이하에서 사용되는 용어와 범위를 분명히 하고 시작하는 것이 필요하다. 우선 CM의 범위는 건설산업기본법 제2조 제8항의 건설사업관리(CM for Fee)이며, 동법(同法) 제2조 제9항의 시공책임형 건설사업관리(CM at Risk)은 논의에서 제외하였다. 또한 본 장에서 사용되는 CM이라는 용어는 건설기술진흥법과 舊 건설기술관리법의 "건설사업관리"를 의미하는 것이며, 건설기술진흥법의 "감독권한대행등 건설사업관리"(舊 건설기술관리법의 책임감리)를 의미하는 것은 아니다. CM에 관한 이 글을 집필하면서 독자들이 가장 헷갈리기 쉽겠다고 우려한 용어가 "건설사업관리"였다는 것은 참으로 아이러니한 일이었다. 이는 건설기술진흥법을 통해 舊 책임감리가 건설사업관리라는 용어로 통합되면서 나타난 현상이다. 마지막으로 본 장에서는 민간CM 보다는 공공CM에 초점을 맞추고 있다. 비록 간접적이기는 하지만 CM제도가 민간CM에 미치는 영향도 무시할 수는 없다. 민간 발주자들이 CM을 발주할 때 CM제도를 일종의 '참고문헌'으로 활용하는 경우가 많기 때문이다. 이로 인해 CM제도가 개선되면 공공CM뿐만 아니라 민간CM에도 긍정적인 영향을 끼칠 수 있다. 그럼에도 불구하고 논의의 집중도를 높이기 위해 공공CM에 초점을 두었다.

1.

CM제도의 방향성과 정책 목표에 대한 재조명

CM 제도와 정책의 연관성

CM제도의 올바른 방향성이란 무엇일까? 집필 과정에서 가장 치열하게 고심한 질문이다. 각 개별 CM기업이 처한 상황과 입장에 따라 기대하는 CM제도의 모습과 내용이 서로 다른 것이 현실이다. 만일 이러한 현실을 그대로 인정한다면 CM제도의 올바른 방향성이라는 것은 매우 주관적이자 상대적이며, CM제도의 올바른 방향성을 설정한다는 시도 자체가 불가능 할 수도 있다. 그러나 이러한 상대성 논리에 갇혀 버린다면 CM산업의 발전과 경쟁력 향상을 위한 CM제도의 방향성은 길을 잃게 된다.

CM제도의 올바른 개선방향을 위하여 'CM제도는 CM정책목표를 달성할 수 있어야 한다'라는 대전제를 설정하였다. 이 대전제는 두 가지 논리를 근거로 하고 있다. 첫째, 정부(국토교통부)는 CM산업이 추구하고 달성해야 할 이상적인 목표를 CM정책을 통해 이미 제시하였지만, 둘째, CM정책목표와 CM제도 간에 격차가 존재하고 있다는 것이다. CM

정책목표가 달성되기 위해서는 이를 위한 전제조건들이 CM제도를 통해 충족되어야 한다. 이것이 CM정책목표와 CM제도 간의 격차를 줄이는 것이며 동시에 CM제도가 추구해야 할 올바른 방향성이다.

그렇다면 CM에 대한 정책목표는 어떤 공식적인 자료를 참조해야 파악 할 수 있을까? CM제도는 관련 법령이라는 명확한 근거가 있지만, CM정책은 정보 출처가 명확하지 않다. CM정책목표를 명확하게 한 문장으로 정리하여 발표한 공식 자료가 있다면 그것이 가장 이상적인 근거이고 이를 인용하면 될 것이지만 그러한 공식적인 자료는 찾을 수 없었다. 그래서 대안적인 방법으로 정부(국토교통부)에서 제시한 공식적인 정책 자료들을 조사·분석하여 키워드를 추출한 후 이를 조합하여 CM정책목표를 가늠해보는 방법을 채택하였다.

우선 국토교통부 홈페이지에 있는 내용을 살펴보았다. 국토교통부 홈페이지를 검색하면 "건설사업관리 CM제도"라는 제목의 정책 자료를 찾을 수 있다. 그 내용 중 "CM 필요성"과 "기대효과"를 살펴보면 정부의 CM정책목표를 가늠할 수 있다.

- **CM필요성**
  - 품질제고, 비용절감, 공기단축 등의 목표를 달성하기 위해 건설사업 전단계에 걸쳐 효율적이고 전문적인 관리활동 요구
  - 설계감리 및 책임감리 등의 제도가 도입되어 실효를 거두고 있으나, 대부분 품질위주의 관리방식에 그치고 있어 이에 대한 개선 필요
  - 발주기관 또는 사업별 특성에 맞는 다양한 사업관리 수행체계 필요

• **기대효과**

- 건설사업 전 단위에 대한 체계적이고 효율적인 관리로 공기단축 및 비용절감 기대
- 사업관리기술 발전에 따른 우리나라 건설산업의 국제 경쟁력 강화

상기 내용에서 "건설사업의 효율성 향상", "국제 경쟁력 강화", "설계감리·책임감리제도의 한계 극복" 등을 주요 키워드로 추출할 수 있으며 이를 CM정책목표의 주요 골자라고 간주 할 수 있다.

5개년 단위로 수립되는 건설기술진흥기본계획(1차~5차, 수정계획 포함)과 건설산업진흥기본계획(1차~4차)도 분석해보았다. 각 차수 계획마다 CM 관련 내용의 분량에는 차이가 있지만 주요 키워드를 추출하면 "CM기술력 제고", "공공사업 효율화", "CM활성화", "CM제도의 글로벌 스탠더드화", "CM전문인력 육성" 등이 관찰된다.

상기 과정을 통해 추출된 주요 키워드들을 한 문장으로 조합해 보면, 「건설사업의 효율성 제고와 글로벌 경쟁력 강화를 위해 CM을 활성화시키고 CM기술력 제고와 CM전문인력 육성을 추진하며 CM제도의 글로벌스탠더드화를 추구한다」라는 결론이 나온다. 비록 '조각모음'이라는 한계가 있지만 정부의 공식 자료를 기반으로 조합된 문장이니 정부가 추구하는 CM정책목표와 동떨어진 것은 아닐 것이다.

이것이 정부의 CM정책목표라면 이에 대해 문제를 제기하거나 비판할만한 여지는 조금도 없다. 무엇인가를 더 보태기 어려울 정도로 이상적인 목표이며, CM기업이 CM비즈니스에 희망을 가지고 도전을 꿈꿀

만한 충분한 동기를 부여하는 비전이다. 그러나 "CM정책목표가 CM제도를 통해 달성되었다고 생각하십니까?"라는 질문에 대한 CM전문가들의 견해는 긍정적인 답변 보다는 부정적인 답변이 더 우세한 경향을 보이고 있다.[1] 이것이 바로 CM제도와 CM정책목표가 조율되고 상호 격차가 해소되어야 하는 이유이며, 본 집필의 대전제로 채택한 이유이기도 하다.

CM제도 개선 논의의 당위성

국내에서 CM의 연조(年條)는 얼마나 되었는가? 보는 관점에 따라 다를 수도 있지만, CM제도는 20살 정도인[2] 청년기에 해당되며, CM시장은 이보다는 어린 청소년기에 진입한 것으로 보인다. 우리 CM의 연조가 청소년·청년기에 해당된다면 활력과 왕성함을 자랑할 나이이다. 그러나 현재 우리 CM산업에서 활력과 왕성함이 관찰되고 있는가? 필자가 이 글을 집필하면서 만난 CM기업들을 통해 체감한 분위기는 '피로감'이었다. CM에 대한 열정과 노력이 컸던 만큼 피로강도(疲勞强度)도 그에 비례하고 있었다.

"CM을 왜 해야 하는가?"

만일 이 질문이 CM고객에게서 나온 것이라면 CM의 가치를 아직 이

---

1) 부록에 수록된 설문조사 Q15 문항 및 결과 참조.

2) 건설산업기본법이 1996년에 제정되고 1997년부터 시행된 것을 기점으로 하였다.

해하지 못했기 때문일 거라고 생각하고 설득의 노력이라도 해 볼 수 있다. 그러나 만일 이 질문이 CM기업에게서 나온 것이라면 이는 전혀 다른 문제이다. CM비즈니스를 존재 목적으로 하고 있는 CM기업에게서 이런 회의적인 질문이 제기된다면 현재 CM산업 및 시장이 그다지 건강한 상황은 아니라는 것을 반증하는 것이다. 만일 지금이 CM의 도입 초기단계라면 시간이 흐르면서 시행착오를 바로 잡으며 차차 더 나아질 것이라는 자위(自慰)라도 할 수 있을 것이다. 그러나 CM제도 20년이면 이런 차원의 기대감을 갖거나 논의를 할 시기는 이미 한참 지났다.

CM제도 도입에 관한 논의가 활발했던 1990년대 초중반의 분위기는 현재와 사뭇 달랐다. 당시 CM은 건설사업의 효율성 향상을 통해 건설고객(발주자)의 가치를 극대화 시키고, 한국 건설산업의 경쟁력을 업그레이드 시킬 수 있는 선진화된 기술과 서비스로 주목 받았다. CM에 대해 애정을 가지고 있던 사람들은 막연하나마 일종의 소명감(召命感) 같은 것으로 열정 가득한 시절이기도 했다. 이제 CM제도는 그런 희망과 열정을 복원시키는 역할을 할 수 있도록 다시 리셋(Reset)되어야 한다. 리셋의 방향성은 명확하다. CM정책목표를 달성할 수 있도록 CM제도가 성숙해지면 된다. 이제 20살이 된 CM제도에게 그런 성숙함을 기대하는 것이 무리한 요구가 아니라면 현 시점이 CM제도의 개선에 대해 논의할 적기(適期)인 것이다.

2.

CM의 정체성에 대한 재정립

CM의 정체성 위기와 원인

현재 CM은 정체성의 위기를 겪고 있다. 이제는 우리나라에서 통용되는 CM이라는 것이 무엇인지 발주자뿐만 아니라 CM기업·전문가들조차도 헷갈리기 시작했다. 글로벌하게 통용되는 CM과는 상이한 형식과 내용이 우리나라에서는 건설사업관리라는 용어로 통합되어 사용되고 있는 현실에 대한 문제가 제기된다. 이러한 문제제기는 CM과 책임감리는 분명히 다른 것이고, 따라서 구분하여 사용되는 것이 타당하다는 주장을 전제로 하고 있다. 즉, 서로 다른 것을 굳이 같은 것이라 포장해서 동일한 이름으로 사용해야만 하는 당위성과 타당성의 내용과 근거가 무엇인지 묻고 싶다. 외형적인 명칭만이 통합되었다고 CM기술력이 더 제고되거나, CM전문인력이 더 육성되거나, CM기업의 글로벌 경쟁력이 더 향상된다고 진심으로 믿는 CM기업이나 CM전문가는 찾아보기 힘든 것 같다. 건설사업관리 시장이 더 커졌다고 주장하는 의견도 일부 있다. 따로 존재하던 CM과 책임감리 시장을 합쳐서 집계하다 보니 건설사업관리 시장의 외형이 커진 것처럼 보이겠지만 이는 착시현상에 불과한 것이다.

CM의 정체성에 문제가 있다면 그 원인은 무엇일까? 또 올바른 제도와 정책을 만들어가기 위해서는 어떻게 정체성을 바로잡아야 할까? 제도 도입 이후 아직까지도 업계에서 회자되고 있는 CM의 모호함을 다시 한 번 명확하게 정의해보기로 하자.

● CM과 책임감리는 다른 것이다

CM이 무엇인지에 대한 학술적·실무적 논의를 하자면 한도 끝도 없을 것 같다. 다만, 최소한 3가지 속성을 갖추어야 CM이라고 불리는 것이 일반적인 글로벌 실무(Global Practice)이다.

첫째, 발주자를 지원·대리하여 건설사업을 관리하는 역할을 수행한다.

둘째, 시공이전단계와 시공단계 등 건설사업의 전(全) 단계에 걸쳐 건설사업을 관리하는 서비스를 제공한다.

셋째, 원가(Cost), 공정(Time), 품질(Quality) 등에[3] 대한 종합적인 관리 서비스를 제공한다

상기 3가지 속성을 책임감리에 대비하여 CM과 어떤 차이가 있는지를 비교 해보자.

---

3) 이외에도 조달, 계약, 클레임, 리스크 등 다양한 관리 주제가 있지만 가장 핵심적인 3대 관리 주제만을 예시로 제시하였다.

- 첫째, 책임감리도 발주자를 지원·대리하여 건설사업을 관리하는 역할을 일부 수행한다는 측면에서는 CM과 일부 유사한 측면이 있다.
- 둘째, 책임감리는 시공단계에 국한되어 있기 때문에 시공이전단계와 시공단계 등 건설사업의 전(全) 단계에 걸친 CM과는 다르다.
- 셋째, 책임감리는 품질 중심의 관리 서비스를 제공하며 원가 및 공정 등에 대한 관리 서비스는 미흡하기 때문에 CM과는 다르다.

[건설사업 단계별 책임감리와 CM의 차별성]

	시공이전단계			시공단계		
책임감리				원가관리	공정관리	품질관리
CM	원가관리	공정관리	품질관리	원가관리	공정관리	품질관리

상기 비교에서 나타난 바와 같이 책임감리는 시공단계에서 품질관리 중심의 업무를 수행하는 서비스이고, CM은 건설사업의 전(全) 단계에 걸쳐 원가관리, 공정관리, 품질관리 등을 제공하는 종합적인 서비스라는 점에서 차이가 있다. 이는 단순히 개념적, 이론적 구분이 아니다. 실제로 책임감리기업이[4] CM기업으로 변신하는 과정에서 겪는 대표적인 어려움은 시공이전단계에서의 원가관리, 공정관리, 품질관리 역량 강화와 시공단계의 원가관리 및 공정관리 역량 강화에 있다. 이러한 현상은

4) 대부분의 감리전문기업은 책임감리뿐만 아니라 다양한 형태의 감리(예: 주택법 감리) 서비스를 제공하고 있다. 따라서 감리기업이라고 통칭하는 것이 보다 적합하지만, 책임감리와 CM간의 논의에 초점을 맞추기 위해 의도적으로 책임감리기업이라는 용어를 대표 용어로 부각시켜 사용하였다.

국내 엔지니어링 기업의 경우에서도 관찰된다. 국내 엔지니어링 기업은 이미 풍부한 책임감리 경험을 보유하고 있다. 책임감리와 CM이 같다면 해외 PMC(Project Management Consulting)사업에 큰 어려움 없이 진출 할 수 있어야 한다. 그러나 현실은 전혀 그렇지 않다. 결국 책임감리를 오래하였다고 저절로 CM기업이 되는 것은 아니라는 실무 현실은 책임감리와 CM는 서로 다르다는 것을 명확하게 시사하는 것이다.

● 온고이지신(溫故而知新)이 생각난다

CM의 미래에 대한 논의도 하기 바쁜 판국에 과거를 돌아보자는 주장이 다소 뜬금없을 수도 있다. 그러나 과거 건설기술관리법의 건설사업관리는 상기 속성들을 반영하고 있었고, 책임감리와의 차이를 분명히 인지하고 그 둘을 구분하고 있었다. 이는 1990년대 중반부터 2000년도 초반에 걸쳐 CM제도의 세부내용들이 처음 만들어진 과정을 살펴보아도 명확하게 나타난다. 필자가 당시 상황을 생생하게 기억하는 이유는 2000년대 초반 건설기술관리법에 CM제도의 세부내용을 만드는 과정에 참여했었기 때문이다.

건설산업기본법을 통해 건설사업관리의 법적 근거가 마련되고 이후, 건설기술관리법을 통해 세부 운영규정들이 만들어지는 당시에 책임감리제도는 이미 존재하고 있었다. 결국 건설사업관리제도는 책임감리제도가 지니는 한계를 극복하기 위해 제정된 것이며 이는 정부의 정책자료에서도 분명하게 나타나고 있다. 책임감리는 부실을 방지하기 위한 것이 주목적이었고, 건설사업관리는 효율성 향상을 위한 것이 주목적이었다. 부실방지의 문제를 해결하기 위해 책임감리제도라는 '방어라인'

을 구축했다면, 이를 뛰어 넘어 건설사업의 효율성 향상이라는 '공격라인'을 구축하는 것이 CM제도의 제정 배경이자 목표였다. 그래서 현재 CM이 겪고 있는 정체성의 혼란을 보면 온고이지신(溫故而知新)이 생각 날 수밖에 없다.

● CM과 책임감리, 각기 다른 목적을 위해 존재해야 한다

CM과 책임감리를 구분하자는 주장이 책임감리의 필요성을 부정하는 것은 아니다. CM와 책임감리 중 어느 것이 더 필요한 서비스인가는 프로젝트 니즈(Needs)와 목표에 따라 서비스 수요자인 발주자가 판단할 일이다. 만일 부실방지가 프로젝트의 최우선 니즈와 목표라면 발주자는 책임감리가 CM보다 더 적합하다고 판단할 것이다. 그러나 만일 부실방지를 포함하여 원가준수 및 절감, 공기준수 및 단축 등 프로젝트의 효율성을 향상시키고자 하는 것이 프로젝트 니즈와 목표라면 발주자는 책임감리보다는 CM이 더 적합하다고 판단할 것이다. 결국 CM과 책임감리는 각각 다른 목적과 효과를 가지며, 발주자에게 선택의 옵션(Option)을 주는 것이 바람직하다. 비록 CM과 책임감리 중 어느 것이 더 적합하고 필요한가에 대한 판단은 발주자의 몫이지만 CM이 책임감리보다 더 진보된(Advanced) 서비스임에는 틀림없다. 프로젝트 참여단계의 시점과 범위, 제공되는 관리서비스의 범위와 심도, 요구되는 기업·기술자의 경험과 역량 등 다양한 관점에서 CM은 확실히 책임감리보다 진보된 서비스이다.

CM이 책임감리보다 진보된 서비스임을 설명하기 위해 복잡한 논의를 할 필요도 없이 아래 간단한 3가지 문장을 통해 진단해 보자.

- 우리 기업은 별다른 노력과 투자 없이도 책임감리 경험과 역량만으로도 충분히 CM서비스를 제공할 수 있다.
- 우리 기업의 책임감리단장은 전원 CM단장으로 바로 활용할 수 있다.
- 우리 기업의 감리기술자는 언제든지 시공이전단계부터 원가관리와 공정관리 등의 전문업무에 바로 투입될 수 있다.

만일 상기 3개 문장에 모두 진솔하게 "네"라고 대답 할 수 있다면 CM이 책임감리보다 진보된 서비스라는 주장은 덮어야 할 것이다. 그러나 상기 3개 문장은 책임감리기업이 CM기업으로 업그레이드하기 위해 고민하고 노력하는 과정에서 스스로에게 자문(自問)하게 되는 도전이며 과제이다. 이는 CM이 책임감리보다 진보된 서비스라는 것을 입증하는 실무적 상황이다.

● 흑묘백묘론(黑猫白猫論)에 함몰되지 말아야한다

"검은 고양이든 흰 고양이든 쥐만 잘 잡으면 된다"는 의미의 흑묘백묘론(黑猫白猫論)은 이념과 사상 보다는 실용성을 강조한 경구(警句)이다. 이러한 관점에서 본다면 CM이든 책임감리든 둘 다 건설사업의 '쥐'만 잘 잡으면 될 뿐 "건설사업관리"로 통칭되는 것이 심각한 문제제기를 할 만한 사안인가라고 반문 할 수도 있을 것이다. 그러나 문제의 핵심은 CM과 책임감리가 동일한 특성, 기능, 효과 등을 지니는 '고양이'인데 색깔만 다른 것이 아니라는 것이다. 즉, 색깔만 다를 뿐 아니라 CM과 책임감리라는 서로 다른 종(種)인데 '고양이'라고 동일한 종(種)처럼 통칭되는 것이 문제라는 것이다.

CM의 용어와 개념이 헷갈리면 정책, 제도, 실무 등이 모두 헷갈릴 수밖에 없고 CM발전을 위한 CM제도의 올바른 방향성을 정립할 수가 없다. CM이 무엇인지 그 타겟(Target)이 명확하지 않다면 어떻게 CM활성화, CM기술력 제고, CM전문인력 양성을 위한 조준이 정확할 수 있겠는가? 그래서 CM의 정체성을 바로 세우는 것이 중요한 것이자 가장 실용적인 것이다.

● 공공 발주자의 혼란과 영향

공공 발주자가 CM의 정체성에 대해 혼동하고 있다는 증거는 건설기술진흥법 시행 이후 고시되는 각종 입찰공고에서 확인된다. 공공 CM사업의 입찰공고 시 내용적으로는 舊 책임감리용역을 발주하면서 "감독권한대행등 건설사업관리"로 고시하지 않고 "건설사업관리"로 고시하는 경우가 흔한 것을 발견할 수 있다. 즉, 용어만 통합되었을 뿐인데 발주자들은 감독권한대행등 건설사업관리(舊 책임감리)를 기존에 이해해왔던 CM으로 오해하는 상황이 발생되고는 한다. 이로 인해 "CM을 써보니 옛날 책임감리하고 별로 다르지 않네"라는 발주자의 평가를 들으며 억울한 생각이 들었다는 한 CM기업인의 씁쓸한 얼굴이 떠오른다. 결국 CM서비스가 제공된 것도 아닌데 발주자가 듣고 기대했던 CM효과가 나타나지 않았다는 '누명'을 쓰는 상황이 발생하는 것이다.

또한 과거 CM과 책임감리가 구분되었던 시절에는 "책임감리 보다는 CM을 해야 하는 것 아니야?"라고 막연하나마 CM을 책임감리보다 진보된 서비스로 인지했던 발주자들조차 이제는 "다 건설사업관리니까 그게 그거 아니야?"라며 굳이 공들여 CM을 이해하고 발주하려는 노력조차 하지 않으려는 현상이 발생하고 있다. 이러한 현상은 '건설사업관리=CM'이라는 단순한 등식의 개념을 가진 대부분의 공공 발주자들이 감독권한대행등 건설사업관리(舊 책임감리)를 건설사업관리로 통칭하니 결국 이것도 CM이라고 간주하기 때문에 발생하는 것이다. 결국 CM의 정체성 혼란은 프로젝트 니즈와 목표에 적합한 서비스가 무엇인지 발주자로 하여금 정확하게 식별하기 어렵게 하며, CM발주에 대한 관심과 의지를 약화시키는 결과를 초래하게 된다. 이는 결국 CM시장을 위축시키고 CM기업의 사기에 부정적인 영향을 미칠 수밖에 없다.

CM의 정체성을 바로 세우는 방향

이제는 CM의 정체성을 바로 세워야 한다. 우선 건설사업관리(CM)와 감독권한대행등 건설사업관리(舊 책임감리)를 다시 구분하자. 그리고 舊 책임감리에 기반을 둔 체계에서 탈피하여 CM제도를 재정비하자. 글로벌 스탠더드(Global Standard)에 입각하여 CM이 제도적으로 어떤 모습이어야 하고 어떻게 운영·작동되어야 하는지 되짚어 보자. 국내에서 CM을 열심히 하고 경험을 쌓은 CM기업이라면 글로벌 진출이 물 흐르듯이 자연스럽게 연결될 수 있도록 글로벌 호환성(Global Compatibility)이 높은 제도로 변신해보자. 감리의 기능과 역할도 무엇인지 재정립하자. 부실방지를 위해 꼭 필요한 기능은 감리에 그대로 남겨두고, 효율성 향상을 위해 필요한 기능은 CM으로 일원화하자. 그리고 건설기술진흥법의 범위에 머무르지 말고 다양한 법에서 존재하고 있는 감리와 CM의 관계도 재정립하자.

CM의 정체성을 바로 세우는 일은 CM정책목표의 달성을 위한 출발점이다. CM이 무엇인지 명확해야 CM정책에서 제시하는 목표를 달성할 수 있도록 CM제도가 방향성을 제대로 찾을 수 있기 때문이다.

3.

적정한 CM대가 결정구조의 구축

정직한 CM서비스의 조건

"정직은 매우 값비싼 선물이다.
이를 싸구려 사람에게서 기대하지 마라" [5)]

투자의 귀재로 알려진 워렌 버핏(Warren Buffett)의 말이다. CM기업이 약속한 양질의 서비스를 정직하게 제공하기 위해서는 그에 어울리는 대가가 전제되어야 한다는 것으로 읽혀진다. 돈을 많이 준다고 반드시 양질의 서비스가 제공될 것이라고 믿는 것은 순진한 생각일 수 있다. 그러나 돈을 적게 주면 양질의 서비스가 제공되지 않을 가능성이 높은 것은 확실하다. 또한 적정한 CM대가는 CM기업이 우수한 인적자원을 확보하고 기업의 역량 향상을 위한 재투자의 길로 이끄는 가장 기본적인 조건이다.

---

5) Honesty is very expensive gift. Do not expect it from cheap people.

"10년을 넘게 했는데 이제는 CM을 제대로 할 때도 되지 않았나요?"

CM기업이나 CM전문가들이 들었을 때 속상해하는 말들 중 하나이다. 국내 CM서비스 수준이 기대했던 것과는 차이가 있다고 생각하기에 나오는 질타라 생각하고 일단은 겸허하게 받아들이자. 그러나 그냥 넘어가기에는 억울하다는 생각이 들기에 "CM을 제 값 주고 제대로 시킨 적이 있었나요?"라는 항변(抗辯)은 덧붙여야 할 것 같다. 주문한 서비스에 상응하는 대가를 지불 받은 적이 별로 없는 것 같은데, 주문한 서비스가 제공되지 않았다고 질책을 받아야 하는 이 현실을 우리 CM기업들은 어떻게 받아들여야 할까? CM대가와 CM서비스가 매칭(Matching) 되지 않는 현실은 바로 잡혀야 한다.

CM기업들의 의견을 종합해보면, CM대가는 5번에 걸쳐서 '삭감'되기 때문에 적정한 CM대가에 도달하지 못한다고 한다. 첫째는 발주자가 적정한 CM예산을 확보하지 못해서, 둘째는 예정가격에 도달하는 과정에서 임의삭감으로 인해, 셋째는 적격심사라는 '눈에 보이는 복병(伏兵)' 때문에, 넷째는 입찰 조정의 부재, 마지막으로 무대가(無代價) 추가 서비스 요구 때문이라고 한다.

적정 CM대가 결정의 전제 조건

CM대가를 결정하는 제도적 요소들은 매우 복잡하게 얽혀있다. 관련법도 여기저기 분산되어있고, 실무적, 관행적으로 해결해야 할 사항들도 많다. 그러나 적정한 대가를 지불하고 제대로 또는 적어도 그에 상응하는 서비스를 얻으려면 이러한 복잡한 메커니즘 속에서 시급하고 우선적으로 해결해야할 사항들이 존재한다.

● CM예산 결정구조의 한계 해소

현재까지 발주된 많은 공공 CM사업은 舊 책임감리를 근저에 깔고 있었다. 사업초기단계부터 CM발주를 고려하기 보다는 책임감리로 일단 예산을 확보한 후, 후속 단계에서 발주자의 필요 또는 학습이나 CM기업의 권유에 의해 CM예산으로 전환시키는 경우가 많았기 때문이다. 이런 경우 정부의 예산편성기준에 의해 적정한 책임감리예산을 확보하였더라도 CM예산으로 활용하기에는 부족한 현상이 시작부터 발생하는 것이다. 기 확보된 예산을 증액하는 일이 발주자 입장에서는 번거롭고 어려운 과정이기 때문에 굳이 그런 선택을 하지 않는 것이 일반적인 경향이다. 따라서 참여범위나 업무범위가 훨씬 넓어진 CM서비스를 책임감리예산으로 제공해야 하는 문제가 발생되는 것이다. 이로 인해 제공되는 CM서비스와 비교하여 대가의 수준이 낮은 것도 문제지만, 책임감리에 준하여 시공단계에 투입되는 의무 인력을 우선 배치하다보니 시공이전단계에 충분한 전문 인력을 투입하는 것이 불가능해진다.

CM은 시공단계의 감리와는 달리 시공이전단계에서 건설사업관리 활동을 통해 건설사업의 효율성을 향상시키기 위한 기회를 갖는 수단이고 그래야 CM효과를 극대화 시킬 수 있다. 그러나 舊 책임감리를 근저로 하고 있는 현 체계에서는 이러한 기회가 제한될 수밖에 없다. 이를 극복하기 위해서는 CM대가체계를 새롭게 정비할 필요가 있다. 舊 책임감리 대가체계에 바탕을 둔 체계가 아니라 CM서비스에 어울리는 새로운 대가체계로 재편할 필요가 있다. 특히 공정관리, 원가관리, 계약관리 등 CM의 전문 분야 및 역할과 어울리는 대가체계가 필요하다. 이는 CM의 분야별 전문 서비스와 전문 인력을 활성화 시키는 중요한 출발점이 되기 때문이다. 또한 공공 건설사업의 초기단계인 기본구상단계에서 건설사업관리의 적용여부를 검토하도록 되어 있지만 대부분 감독대행 등 건설사업관리(舊 책임감리)에 국한되는 현실이다. 따라서 CM 적용여부의 조기 검토가 제대로 이루어지지 않게 되며 결과적으로 CM예산을 사전에 확보하는 경우가 드물게 된다.

이를 개선하기 위해서는 기본구상단계에서 CM 적용여부 검토 및 CM예산 확보를 위한 계기가 생길 수 있도록 CM에 대한 공공 발주자의 인식을 제고시키는 CM기업의 노력도 필요하다. 그러나 이 보다는 CM 적용여부를 공공 발주자가 기본구상단계에서 보다 적극적으로 검토하도록 하는 제도적 메커니즘을 명확하게 마련하는 것이 보다 직접적인 효과를 볼 수 있다. 이는 적정한 CM예산을 확보하기 위한 출발점이며 CM예산 결정구조의 한계를 극복하기 위해 필요한 조치이다.

● 예산 임의삭감의 관행 철폐

확보된 예산의 임의삭감도 CM대가의 비적정성에 일조하고 있다. 이는 일반적으로 계약업무 담당자에 의해서 이루어지는 업무로 목표는 예산 절감이다. 국민의 소중한 세금인 예산을 절감하겠다는 공공기관의 의지에 대해 이의를 제기할 수는 없다. 그러나 그 절차와 방법은 합리적이지 못하다. 만일 예산 낭비 또는 절감 요소가 있다면 입찰기업들이 납득할 수 있는 내용과 근거가 제시되고 이루어지는 것이 합리적이다. 그러나 대부분 예산절감 실적을 위한 임의삭감이라는 형태로 이루어지고, 입찰기업 입장에서는 아무런 근거와 설명도 없이 CM대가가 삭감되는 것을 이의 한번 제기하지 못하고 지켜볼 수밖에 없는 것이 현실이다.

예산의 임의삭감은 개선이 반드시 필요한 사안이지만 어떤 개선안이 현실적으로 수용가능한지는 사실 좀 막막하다. 글자 그대로 수십 년 이어진 관행이고 건설기술용역에서 뿐만 아니라 건설공사에서도 이미 고착화되어 있기 때문이다. 예산을 삭감할 때는 어떤 서비스 내용이 양적·질적 측면에서 예산절감·낭비 요소가 있는지에 대한 판단 기준과 처리기준이 마련되어야 한다는 원론적인 개선 제안을 할 수는 있다. 기존 관행의 벽이 너무도 두껍고 단단하게 느껴지기는 한다. 다만, 위에서 논의한 CM예산결정구조의 한계를 해소하고, 다음에 제시된 방향으로 CM대가 결정구조를 개선한다면 예산 임의삭감에 의한 문제점은 어느 정도 해갈(解渴)될 수 있을 것이다.

● 적격심사제도의 아이러니 해결

공공 CM사업에서 CM사업자를 결정하는 세부적인 절차와 방법은 해당 사업(용역)의 규모에 따라 다소 차이가 있지만 적격심사가 주를 이루는 경향이다. 적정한 CM예산이 책정되지 않고 임의삭감으로 그나마 확보된 CM예산도 적격심사라는 '눈에 보이는 복병(伏兵)' 앞에서는 속수무책이다. CM대가가 예정가격 대비 평균 25% 내외로 삭감되는 것을 뻔히 알면서도 어찌할 도리 없이 투찰해야만 하기에 눈에 보이는 복병이라는 표현을 사용한 것이다.

적격심사는 글로벌 시장에서도 통용되고 있는 기술가격종합평가방식(QCBS, Quality Cost Based Selection)을 기본 틀로 하는 방식이다. 이 방식은 기술력(Quality)[6] 으로만 사업자를 선정하자니 발주자 예산(Cost)에 부담이 되고, 최저가 방식으로 선정하자니 능력 있는 사업자가 탈락 될 위험성을 낮추기 위해 고안된 방식이다. 결국 각각에 적용되는 비중에는 차이가 있을 수 있지만 기본적으로 기술력과 가격을 함께 고려해서 최적의 사업자를 선정하자는 취지이다. 이런 취지로 본다면 우리의 적격심사제도도 이를 외형적으로는 반영하고 있다.

그런데 한 가지 이상한 점이 있다. 기술력(기술점수)이[7] 높을수록 낮은 가격으로 입찰해야 낙찰 가능성을 높일 수 있는 아이러니한(Ironic) 유인 구조를 가지고 있다. 기술가격종합평가방식(QCBS)은 다소 가격이 높더라도 이를 기술점수로 만회할 기회를 줌으로서 기술-가격간의 균형을 맞추자는 게 기본 운영철학이다. 그러나 최저가로 입찰을 해야 우선 기회라도 주어지기 때문에, 비록 기술점수가 높아 입찰가격의 선택 폭이 넓더라도 함부로 높은 가격으로 투찰하기에는 겁이 나는 것이 현실이다. 이러한 특성으로 인해 기술력(기술점수) 1위 입찰자가 탈락되고 하위 순위 입찰자가 낙찰되는 경우가 비일비재(非一非再)하게 발생하게 된다. 결국 양질의 CM서비스와 글로벌 경쟁력의 발판으로 삼아야 하는 것이 실력(기술)이 아니라 운이라는 이상한 현상에 도달하게 된다.

---

6) QCBS에서 "Quality"는 서비스 제공자의 '품질'을 의미하는 것으로 유사 실적과 경험, 해당 기업과 기술자의 역량, 기술제안서 내용 및 이행 가능성 등 서비스 제공자의 기술력을 포괄적으로 의미한다.

7) 기술제안평가를 통해 산출되는 기술점수가 해당 기업의 기술력을 정확하게 대변하는가에 대한 논란이 존재하고 있고 이 역시 지속적으로 논의와 개선이 필요한 사안이다. 그럼에도 불구하고 공식적인 기준과 절차를 통해 산출되었다면 기술점수는 해당 기업의 기술력을 점수로 표현한 것이라고 간주해야 한다.

적격심사가 지니는 아이러니를 해결하기 위해 전혀 새로운 제도가 필요한 것은 아니다. 이미 존재하고 있는 "협상에 의한 계약체결"방식이나 "기술·가격분리입찰"방식에서 세 가지 정도만 손을 봐서 활용하면 된다.

첫째, CM서비스를 "계약이행의 전문성"과 "특별한 기술·경험을 필요로 하는 용역"으로 정의하면 적격심사가 아닌 협상에 의한 계약체결 방식이나 기술·가격분리입찰방식으로 발주하는 것이 가능하다. CM서비스를 전문성이나 특별한 기술·경험이 필요하지 않은 용역으로 간주할 이유가 없기 때문이다.

둘째, 낙찰자 선정과정에서 가격에 대한 "협상"이라는 용어와 절차를 삭제하여 실무 활용성을 높일 필요가 있다. 일반적으로 공공 발주자이건 입찰기업이건 "협상"이라는 용어나 절차를 부담스러워 하는 경향이 있다. 사업자 선정 이후의 잡음과 갑의 일방적 삭감 요구 등을 우려하기 때문이다. 따라서 현실적인 방향은 기술점수가 제일 높은 입찰자의 가격이 예정가격 이하이고 입찰 상에 오류가 없었다면 입찰가격을 그대로 인정하는 것이다. 가장 우수한 기술력을 가졌다고 평가되었고, 발주자가 지불 의사를 가지고 있는 예정금액 이하라면 입찰자의 가격을 인정하는 것이 순리(順理)이다

셋째, 만일 예정가격 이하라도 입찰자의 가격을 그대로 인정하는 것이 현실적으로 불가능다면, 가격을 점수화 시켜 낙찰자 선정에 활용하는 것이 차선책이다. 기술점수와 가격점수를 합산하여 최고 득점자를 낙찰자로 선정하자는 것이며 이때 가격점수는 입찰가격이 높을수록 낮은 점수를 받는 것이 원칙이 된다. 이런 방식이라면 기술점수가 높은 입

찰자는 가격점수에서 다소 감점을 받더라도 굳이 저가투찰을 선택하지 않아도 된다.

이때 가격점수와 관련된 중요한 현안이 한 가지 있다. 가격점수는 입찰가격이 낮을수록 높은 점수를 받는 것이기 때문에 저가투찰에 대한 우려가 발생할 수밖에 없다. 특히 기술점수에서 부족한 부분을 가격점수에서 만회하려는 전략적 선택을 하는 입찰자가 반드시 존재할 것이기 때문이다. 이를 개선하기 위한 두 가지 방향이 있다. 우선 냉정하게 제안한다면 저가방지 하한선을 두지 않는 것이며 시장의 자정(自淨) 기능에 의지하는 것이다. 즉 굳이 저가로라도 수주하겠다는 기업을 말리는 장치를 두지 않고 저가로 수주하게 놔두는 것이다. 장기적으로 보면 이는 저가수주 행태에 의존하는 CM기업이 시장에서 퇴출될 수 있는 구조를 만드는 긍정적인 측면이 있다. 다만, 그 과정에서 피해를 보는 동료 CM기업이 발생하고, 부실한 CM서비스로 인해 CM에 대한 발주자의 경험과 인식이 악화되는 것이 심히 우려가 된다.

따라서 위 제안과는 반대의 제안으로 저가방지 하한선을 두는 것이다. 일정 수준의 하한선을 정해두고 그 이하인 경우는 부실 서비스가 우려될 수 있다고 간주하여 입찰에서 탈락시키고, 이 하한선에서 가까울수록 높은 점수, 멀수록 낮은 점수를 부여하는 방식이다. 입찰가의 일정 수준을 보장한다는 점에서 시장원리에 다소 어긋나는 측면이 분명히 있지만, 적정한 CM대가가 CM전문기업의 질적 성장, CM전문기술의 제고, CM전문인력의 육성 등의 중요한 전제조건이기 때문에 과감하게 제안해 본다.

● 입찰조정 절차의 도입

글로벌 입낙찰 실무에서 사용되는 절차 중 입찰조정(Bid Reconciliation 또는 Validation)이라는 과정이 있다. 낙찰자를 선정하는 과정에서 발주자가 요구한 서비스와 입찰자가 제출한 가격의 정합성(整合性)을 맞춰보는 것이다. 낙찰자를 선정하는 과정에서 입찰 가격을 조정한다는 것이 불합리하게 보일 수도 있고, 발주자에 의한 일방적인 삭감 이른바, '네고'라고 오해 될 수도 있다. 그러나 입찰조정은 발주자의 요구 서비스와 서비스 제공조건을 입찰자가 충분히 이해하고 거기에 걸맞는 입찰가격을 제시하였는지 검증하는 과정으로 주문한 내용과 제안 가격의 정합성을 확보하기 위한 과정이다. 이를 통해 추후 발생할 수 있는 상호간의 불필요한 갈등, 클레임, 분쟁 등을 예방하자는 취지이다.

현재 우리에게는 이러한 절차가 부재하며 이로 인해 CM대가와 CM서비스의 정합성을 확보할 수가 없고 결과적으로는 CM대가가 낮아지는 결과를 초래한다. 공공 CM사업에서 입찰자들은 기술제안을 할 때 적격심사를 통해 상당한 일정 금액이 삭감될 것이라고 예상 하면서도 이를 감안해서 '함량'이 미달되는 기술제안을 할 수는 없는 실정이다. 일단은 기술제안에서 좋은 평가를 받아야 하기에 발주자의 요구사항을 최대한 수용하여 무리가 되더라도 최선의 내용으로 기술제안을 할 수밖에 없다. 결국 기술제안은 발주자의 요구사항을 100% 수용하는 또는 그 이상의 내용으로 제시하지만 적격심사를 통해 상당 금액이 삭감되더라도 제안 내용은 변동이 없으니, 대가는 줄었지만 일은 줄지 않은 것이고 이는 결국 CM대가가 낮아지는 것과 동일한 효과이다. 따라서 낙찰자 확정과 용역계약체결의 중간시기에 입찰조정이라는 절차를 CM사업자 선정과정에 도입할 필요가 있다.

● 무대가(無代價) 추가 서비스 요구 관행의 철폐

무대가(無代價) 추가 서비스를 요구하는 관행 또한 예산 임의삭감과 더불어 부적정한 CM대가에 일조하는 대표적인 관행이다. 예산 임의삭감이 계약체결 전 관행이라면, 무대가(無代價) 추가 서비스 요구는 계약체결 후 관행이다. 가장 대표적인 형태는 추가 대가 지불이 없는 추가 인력 투입 요구, 공사기간 연장에 따른 CM서비스 기간 연장, 계약범위 이외의 추가 CM업무 요구 등을 들 수 있다. 계약은 '갑-을' 간에 업무 범위와 대가에 관한 상호 제안과 수용을 통해 이루어지는 행위이다. 그러나 현실은 '수퍼(Super) 갑-을'의 관계이기에 부당성을 알면서도 CM기업 입장에서는 무대가(無代價) 추가 서비스를 수용할 수밖에 없는 상황이다.

CM서비스도 엄연히 업무범위(Scope)가 정해져 있음을 발주자들은 인식하고 인정해야 한다. 그러나 이를 단순히 발주자의 인식 전환·개선만으로 풀어가기에는 현실적인 한계가 존재한다. 오랜 기간 고착화된 관행이기도 하지만 추가 서비스에 대한 추가 대가 지불을 위해 발주자가 예산을 추가 확보하려면 제도적, 실무적으로 어려움이 따르기 때문이다.

제도적으로 풀어가는 실마리는 발주자의 예비비 확보에서 찾을 수 있다. CM예산 설정 과정에서 예비비 항목을 도입하고, CM사업자 선정 과정에서 예정가격과 입찰가격의 차액이 존재한다면 이를 발주자의 예비비로 전환하여 활용하는 것이다. 예비비라는 비목을 신설하는 것이 매우 어려운 현실이라는 것을 알지만 꼭 필요한 개선이기에 제안한다.

또한 이미 존재하는 용역계약변경이라는 절차를 합리적으로 운영하는 것도 방법이다. 과업내용의 변경을 지시하거나 승인한 경우에 계약금액 조정을 할 수 있는 근거는 이미 마련되어 있다. 결국 이는 제도의 문제라기보다는 관행적인 운영의 문제이며 추후 용역계약변경의 실태와 문제점에 대한 조사를 통해 이를 제도적으로 개선할 필요가 있다.

4.

CM 제도의 올바른 기능

CM시장의 활성화를 가능하게 하여야 한다

CM활성화. 듣기만 해도 힘이 솟는 말이다. CM정책·제도당국, CM기업, CM학연전문가 등이 CM의 미래와 비전에 대해 논의할 때마다 자주 애용하는 말이다. CM활성화가 CM정책목표 중 하나이기 때문이다. 그런데 정작 CM활성화가 무엇을 의미하는지 명확하지 않을 때가 많다. 따라서 CM활성화를 위한 CM제도의 역할에 대한 제언에 앞서 이 용어가 의미하는 바를 명확히 정리할 필요가 있다.

CM활성화는 CM시장의 활성화(확대), CM전문기업의 활성화(질적 성장), CM전문기술의 활성화(제고), CM전문인력의 활성화(육성) 등 4가지 측면에서 조명될 수 있다. 서로 다른 측면이기에 이를 활성화시키기 위한 CM제도의 역할도 다소 다르다. 네 가지 측면의 CM활성화를 위한 관련 현안은 상호 밀접하게 연관되어 있기 때문에 딱 잘라 구분해서 서술하기는 쉽지 않다. 따라서 CM시장의 활성화부터 '꼬리물기' 방식으로 논의를 시작해보자.

● 현 제도적 환경에서의 CM시장 활성화 방향

CM시장의 활성화는 CM시장의 성장 또는 규모 확대를 의미하며 CM 활성화라 일컬어 질 때 이 의미로 사용되는 경우가 가장 많은 것 같다. 현 제도적 환경에서 감독권한대행등 건설사업관리(舊 책임감리)와 CM시장을 각각 활성화 시킬 수 있는 제도적 접근은 상당히 다르다. 이 두 가지 서비스 시장의 성격이 매우 다르기 때문이다. 감독권한대행등 건설사업관리(舊 책임감리)는 강제시장인 반면, CM은 임의시장이라는 서로 다른 시장 성격을 지니고 있다.

감독권한대행등 건설사업관리(舊 책임감리) 시장을 제도적으로 활성화 시키는 방법은 의외로 간단할 수도 있다. 건설기술진흥법(시행령)에서 대상금액을 낮추고, 대상공사를 확대하면 된다. "~ 하여야 한다"고 규정된 강제시장이기 때문이다. 반면 CM시장의 활성화는 이런 접근이 용이치 않다. "~ 할 수 있다"고 규정된 임의시장이기 때문이다.

임의시장인 CM시장의 활성화는 CM고객의 선택을 시장동력으로 한다. 즉, CM잠재고객이 CM의 가치와 필요성을 인식하고, 능력 있는 CM기업·전문가를 통해 양질의 CM서비스를 제공 받을 수 있다고 확신할 수 있을 때 CM시장의 활성화가 가능하다. 철저하게 시장선택에 의해 CM시장의 활성화가 결정되는 구조이다.

CM이 임의시장이라는 현 제도적 상황을 전제로 한다면, CM제도가 할 수 있는 역할은 우수한 CM기술과 CM기술자를 보유한 양질의 CM기업이 CM고객에게 최상의 CM서비스를 제공할 수 있는 생태계를 만들어 주는 것이다. 즉, CM고객이 만족할만한 CM서비스를 제공할 수 있는 환경을 CM제도가 제공함으로써 CM시장의 활성화가 가능해지는 것이다. 이는 결국 CM전문기업의 활성화(질적 성장), CM전문기술의 활성화(제고), CM전문인력의 활성화(육성)를 전제로 하는 것이며 근본적으로는 이미 논의한 적정한 CM대가와도 밀접한 연관성을 가지고 있다.

● 파격적인 CM시장 활성화 방향

만일 현 제도적 상황을 전제하지 않는다면, CM시장 활성화를 위해 어떤 파격적인 제안도 가능할까? 일부 중요한 공공 건설사업을 대상으로 CM서비스를 의무화 하는 방안을 제안한다. 이 경우, 무엇을 '중요한'의 기준으로 삼을 수 있을까? 건설기술진흥법에서 그 단서를 찾을 수 있다.

감독권한대행등 건설사업관리(舊 책임감리)가 강제시장의 성격을 지니는 근거는 건설기술진흥법 제39조 제2항의 "건설공사의 품질 확보 및 향상을 위하여"라는 목표 에서 찾아볼 수 있다. 잇따른 대형 부실사고로 인해 건설 시설물의 품질[8] 확보가 중요하다는 국가적 정책 의지와 목표를 반영하는 것이며, 이는 과거 책임감리제도의 출발점이자 목표이다.

이러한 목표를 위해 일정 규모 이상과 특정 공사를 중요한 공사로 지정하고 품질관리에 공을 들여 부실공사를 방지하도록 하는 것이다. 시설 사용자와 일반 국민의 안전을 확보하기 위해 양보할 수 없는 중요한 목표로써 이를 위한 제도는 반드시 존재해야 하며 심지어 강화 되어야 한다.

그렇다면 이 대목에서 "원가관리 및 공정관리 등을 통한 사업비 준수

8) 이때 품질은 미적(美的) 품질보다는 시설물의 안전 확보를 위한 품질의 의미가 강하다. 즉, 책임감리제도는 시설물의 안전을 확보하기 위한 품질관리의 강화라는 목표 달성을 위해 도입된 것이다.

및 절감과 공기준수 및 단축 등 건설사업의 효율성 제고는 중요한 국가적 사안이 아닌가?"라는 질문을 제기하지 않을 수 없다. 민간 건설사업의 경우라면 원가와 공정을 제대로 관리하여 효율성을 확보하는 것이 사적자치(私的自治)에 의한 선택의 문제라고 내버려둘 수 있다. 그러나 공공 건설사업의 경우는 그렇지 않다. 국민의 소중한 세금으로 시행되는 것이 공공 건설사업이다. 따라서 원가와 공정을 제대로 관리하여 효율성을 확보하는 것을 선택의 문제로 내버려 두는 것은 타당하지 않다. 이는 CM학자로서가 아니라 납세자(納稅者)의 한 명으로서도 할 수 있는 정당한 요구이다.

부실의 문제를 단순히 품질부실에 국한시키지 말아야 한다. 공공 건설사업에서 나타나는 원가부실과 공정부실의 문제는 다양한 대중매체뿐만 아니라 정부의 정책자료와 감사자료에서도 이미 그 심각성을 인정하고 있다. 이제는 '중요한' 공공 건설사업을 대상으로 CM적용을 의무화하자. 품질부실뿐만 아니라 원가부실, 공정부실을 함께 해결하기 위한 제안이며, 제도적으로 CM시장의 활성화를 도모 할 수 있는 방법 중 하나이다. 'CM기업 살리기'를 위해 하는 제안이 아니다. 품질, 원가, 공정 등의 관점에서 공공 건설사업을 제대로 관리하여 국민의 소중한 세금을 제대로 사용하자는 제안이며, 그 과정에서 CM정책목표 중 하나인 CM시장의 활성화를 제도적으로 풀어 낼 수 있는 접점이 있기에 하는 제안이다. 이를 통한 CM시장의 확대가 CM용역비 예산을 증가시킴으로 국가 재정의 부담이 될 것이라고 우려되는가? 원가부실과 공정부실로 인해 공공 건설사업에서 수백억, 수천억이 낭비되고 있는 현실을 잘 모르거나 외면하는 것이라고 말고는 달리 이해할 수 있는 방법이 없다.

CM전문기업의 활성화를 가능하게 하여야 한다

현재 법적으로 CM기업을 지칭하는 용어는 "건설사업관리용역업자"이다. 내용적으로는 "건설기술용역업자"이며, 실무적으로는 CM비지니스 활동을 하는 또는 CM서비스 상품을 '판매'하는 기업을 의미한다. 따라서 건축사사무소, 엔지니어링활동주체, 감리전문회사 등이 모두 (잠재적) CM기업에 해당된다.

이러한 국내 CM기업의 '출신성분'은 크게 3가지 유형으로 분류될 수 있다. 첫 번째 유형은 외국계 CM기업 또는 자본을 기반으로 처음부터 CM기업으로 출발한 기업들이다. 두 번째는 감리전문회사가 CM기업으로 변신한 유형이며, 세 번째는 종합건축사사무소의 감리본부가 CM본부로 개칭하여 CM비즈니스에 진출한 유형이다. CM기업의 출신성분에 따라 다소 차이는 있지만, 국내 CM기업의 대부분은 책임감리를 포함한 다양한 형태의 감리서비스를 제공하던 기업을 모태로 하고 있다. 이들은 CM제도 도입 이후, CM을 통한 미래성장의 비전을 가지고 CM기업으로 도약하기 위한 노력을 지난 세월동안 해왔다.

CM전문기업의 활성화는 CM비즈니스에 참여하는 기업의 수가 늘어나고 이들 기업이 역량, 전문성, 수익성 등 측면에서 질적인 성장을 해야 의미 있는 활성화라 할 수 있다. CM제도 20년의 세월을 거치면서 CM비즈니스에 참여하는 기업의 수는 증가하는 경향을 보여 왔다. 그러나 최근 CM기업들에게서 감리비즈니스에 안주(安住)하려는 경향이 관찰되고 있다. 즉, 감리기업이 CM기업화 되는 것이 아니라, CM기업이 감리기업으로 회귀(回歸)하는 현상이 나타나고 있는 것이다. CM보다는 감리(예: 주택법 감리)를 하는 것이 매출이나 수익성에 훨씬 도움이 되어 상대적으로 적은 노력으로도 기업을 영위하는 것이 가능하기 때문이다.

2015년 말과 2016년 초 많은 CM기업들이 좋은 실적을 거두었던 행복한 시기가 있었다. 그런데 내용적으로 살펴보면 CM비즈니스를 통해서가 아니라 주택경기의 호황에 힘입어 감리비즈니스가 '효자' 노릇을 한 것이었다. 이처럼 CM기업이 들여야 하는 노력의 관점에서 볼 때 감리가 CM에 비해 '가성비'가 좋다는 것은 이미 널리 알려진 사실이다. 또한 인적자원의 운영측면에서도 감리가 훨씬 수월하다고 한다. 매출, 수익성, 인적자원의 운영측면 등에서 감리가 CM에 비해 가성비가 우수한 것이 현실이라면 CM기업이 감리에 안주·회귀하겠다는 것을 탓할 수는 없다.

"그럼 소는 누가 키우나?". 한 개그 프로그램을 통해 유행했던 말이다. 동일한 해학(諧謔)으로 "그럼 CM은 누가 하나?"라고 묻고 싶다. CM 정책목표 중 하나인 CM전문기업의 활성화는 일단 CM을 하겠다고 나서는 기업이 있어야 가능하며 이들 기업이 역량, 전문성, 수익성 면에서 질적으로 성장해야 가능한 것이다. CM기업이 CM비즈니스에 회의를 느끼며 감리비즈니스에 안주한다면 능력 있는 CM서비스 공급자의 공백현상은 피할 수 없을 것이다. 또한 감리가 매출과 수익의 근본이고, CM은 대외적인 영업과 이미지 관리를 위한 포장 정도라면 내실있는 CM전문기업을 시장에서 기대할 수 있겠는가?

한 가지 흥미로운 시장 현상은 CM비즈니스에 대한 어려움을 느끼면서도 정작 이를 포기할 수는 없다는 기업이 많다는 것이다. 이는 기업이 현재에 먹고 살되 미래를 고민하고 준비해야 하는 속성을 지녔기 때문이다. 비록 CM비즈니스가 당장은 어렵다 하더라도 미래를 대비하기 위해 이를 포기 할 수 없다는 판단이며 그 이유는 크게 3가지라고 CM기업들은 설명하고 있다.

첫째는 감리시장이 지속적으로 유지 또는 성장할 것이라고 확신하기 어렵고, 둘째는 공공 CM시장뿐만 아니라 민간 CM시장도 존재하고 있으며, 셋째는 해외 진출을 위한 CM실적과 경험을 쌓기 위해 국내 CM을 교두보(橋頭堡)로 삼아야 하기 때문이다. 결국 내수시장이든 해외시장이든 CM기업은 CM비지니스를 지속적으로 영위해야 할 이유가 있는 것이고 이를 위해 필요한 경쟁력을 확보하기 위해서는 질적 성장을 하지 않을 수 없는 상황이다.

CM전문기업의 활성화는 CM비즈니스를 할 만한 가치가 있다고 믿고 도전하는 기업의 수가 일단 많아져야 가능하다. 또한 CM비즈니스를 통해 기업 성장과 재투자가 가능한 수익이 창출되고 이를 기반으로 질적 성장이 가능하다는 동기부여가 되어야 비로소 CM전문기업의 활성화가 이루어지는 것이다.

이러한 CM전문기업의 활성화를 위해서는 세 가지 조건이 충족되어야 한다. 첫째는 이미 논의한 적정한 CM대가가 지불되어야 하고, 둘째는 CM전문기술과 CM전문인력을 보유하고 있어야 하며, 셋째는 글로벌 경쟁력을 갖출 수 있도록 수준있는 CM서비스가 요구되고 제공되어야 한다.

CM전문기술·인력의 활성화를 가능하게 하여야 한다

CM전문기술의 활성화(제고)와 CM전문인력의 활성화(육성)는 상호 밀접한 연관성이 있기 때문에 함께 논의하기로 하자. CM기업 측면에서 CM전문기술의 제고를 위해 CM전문인력의 육성만이 필요한 것은 아니다. 원가관리, 공정관리, 품질관리 등의 CM서비스 역량 제고를 위해 기업 차원에서 실무 인프라를 구축하고 CM 경험과 지식을 축적하여 활용하는 체계를 구축하는 것 또한 중요하다. 그럼에도 불구하고 CM기업이 CM전문기술을 제고하기 위한 가장 핵심적인 자원은 CM전문인력이다. CM과 같은 건설기술용역 서비스는 유능한 인적자원에 의해 제공되는 소프트 서비스(Soft Service)라는 특성을 강하게 지니고 있기 때문이다. 따라서 CM전문인력의 활성화(육성)를 중심으로 그 의미와 방법, 그리고 이에 대한 제도적 역할을 한번 점검해보자.

● CM전문인력의 의미와 양육의 필요성

CM서비스의 성격과 내용이 다양한 만큼 CM전문인력 또는 CM전문가도 다양하게 정의될 수 있지만, 기본적으로 CM전문인력은 건설사업관리의 총괄적인 역할을 담당하는 CM단장과 원가관리, 공정관리, 품질관리, 설계관리 등 CM기능별 전문가, 이 두 가지 유형으로 크게 분류될 수 있다. 장구한 설명 없이 CM전문인력은 CM기업의 역량과 기술력의 원천(源泉)이라고만 강조해도 그 중요성과 가치는 충분히 전달될 것 같다.

CM전문가는 기본적으로 건설엔지니어를[9] 베이스로 한다. 즉, CM전문가는 어느 날 갑자기 출현하는 것이 아니라 설계, 엔지니어링, 시공, 감리 등의 건설 관련 경험을 바탕으로 만들어진다. CM전문가의 출발점이 건설엔지니어라는 점에는 대부분 공감할 것이다. 그러나 이렇게 한번 생각해보자. 건설엔지니어의 경험과 경력을 오래 쌓는다고 저절로 CM전문가가 되는 것인가? 만일 그렇다면 현재 우리 건설산업에 이미 CM전문가가 넘쳐나는 것이 자연스러운 현상일 것이다. 우리 건설산업에 수많은 건설엔지니어들이 이미 존재하고 있기 때문이다. 그러나 현실은 그렇지 않다. 마땅한 CM전문가를 확보하지 못해 고민하거나, 타 기업의 전문인력을 스카웃 해야 하는 것이 일상적인 현상인 것을 보면 건설엔지니어 경력을 오래 쌓는다고 해서 저절로 CM전문가가 되지 않는 것 같다.

사업관리 전문가의 부족 현상은 국내 CM산업에서 뿐만 아니라 국내 건설기업의 해외건설에서도 나타나고 있다. 2000년도 중후반 이후 해외건설 진출이 대폭 활성화되면서 많은 건설기업들이 해외에 파견할 인재를 확보하는데 어려움을 겪고 있다. 특히 공정, 원가, 계약 등 사업관리전문가에 대한 수요가 높음에도 불구하고 이런 전문가들을 확보하는데 어려움이 많은 것으로 알려지고 있다. 또한 국내 대형 엔지니어링사를 중심으로 해외 PMC사업에 대한 관심이 높아지고 있지만 이 경우에서도 역시 사업관리 전문가를 확보하는 데 애로사항이 많다고 한다. 이러한 상황은 건설엔지니어 경험이 오래 되었다고 해서 저절로 사업관리

9) 건축가, 건축사 등 건축설계 전문가도 포함하는 포괄적인 의미이다.

전문가가 되는 것이 아니라는 것을 시사하는 것이다. 결국 CM전문가는 설계, 엔지니어링, 시공, 감리 등의 경험을 바탕으로 하되 별도의 양육(養育) 과정을 통해서 만들어지는 것이다. 건설엔지니어는 공학기술적 지식과 해법(Engineering Knowledge and Solutions)을 핵심역량으로 하지만, CM전문가는 공학기술적 지식과 해법을 바탕으로 사업관리적 지식과 해법(Project Management Knowledge and Solutions)까지도 보유하고 구사할 수 있어야 한다. 이러한 핵심역량의 차이로 인해 CM전문가가 되기 위해서는 별도의 양육 과정이 필요한 것이다.

CM전문인력의 양육은 기본적으로 CM기업의 책무이다. 양질의 CM서비스를 제공하기 위해 우수한 인력을 확보하고 이들을 지속적으로 업그레이드 시키는 것은 당연히 CM기업이 담당해야 할 역할이다. 그러나 이렇게 당연하게 보이는 역할도 제도적 여건이 뒷받침 되지 않는다면 CM기업은 그 소임을 다할 수 없다. 결국 CM전문인력의 활성화(육성)를 위해 CM제도의 역할도 분명히 존재하는 것이다.

● CM전문인력의 양육비가 확보되어야 한다

CM기업이 CM전문인력을 보유하고 활용하기 위해서는 '양육비(養育費)'가 필요하다. 훌륭한 건설엔지니어 경력을 보유한 기술자를 확보하고 지속적으로 보유하기 위해서, 더불어 교육·훈련을 통해 이들을 CM전문인력으로 업그레이드 시키기 위해서 CM기업에게 양육비는 필수비용이다. 이는 이미 논의한 적정한 CM대가와 직접적으로 연관되는 사안이다. CM기업이 적정한 CM대가를 지불받지 못하는 상황에서 CM전문인력의 몸값을 제대로 쳐주는 상황이 일어날리 만무하다. CM단장으로 임명되는 것을 회피하거나, CM단장으로 임명하면 퇴사하겠다는 감리단장의 엄포를 경험한 CM기업이 그리 적지 않을 것이다. 감리단장보다 훨씬 더 신경 쓸 일이 많고, 더 높은 전문성을 요구하는 CM단장을 하더라도 그만큼 몸값을 쳐주기 어려운 현실을 반영하는 사례이다. 감리 수준의 몸값을 지불하면서 감리기술자 보다 광범위하고 전문적이며 선제적인 사업관리업무를 담당해야하는 CM전문인력을 확보하고 양육하여 CM전문 지식과 해법을 기대할 수는 없다.

이를 해결하기 위해서는 CM기술자의 몸값에 대한 새로운 정의와 기준이 정립되어야 한다. CM기술자는 업무의 특성 상 건설사의 기술자 보다 우위의 기술력을 보유하고 있어야 한다. 그래야 원가관리, 공정관리, 품질관리 등의 업무에서 발주자의 이익을 보호 및 극대화하며 건설사를 리드(Lead)하고 관리할 수 있다. 건설사의 기술자 보다 더 낮은 대우를 받는 것이 CM산업의 현실이라면 건설사 보다 더 유능한 기술자를 고용하여 전문적인 사업관리 역할을 담당하게 한다는 것은 기대할 수 없다. 최소한 건설사의 기술자와 동등하거나 또는 그 이상의 몸값이 지급될 수 있는 임금 환경이 만들어 지도록 기준을 재정립하여야 한다.

● CM전문인력 평가의 세 가지 취약점과 영향

CM대가 못지않게 CM전문인력이 활성화(육성)되기 위한 중요한 조건은 CM전문인력이 되어야 할 마땅한 동기가 있어야 한다는 것이다. 이러한 동기는 임금 수준뿐만 아니라 CM전문인력으로 인정받고 그에 어울리는 평가를 받을 때 생기는 것이며, CM기술자 평가 및 경력 관리와 밀접한 연관성을 지니고 있다. 현재 국내 공공 CM사업의 기술자 평가는 세 가지 문제점을 지니고 있다.

첫째, CM기술자의 경력·경험에 대한 평가가 질적 평가 보다는 양적 평가를 중심으로 이루어지고 있다. 과거 참여한 프로젝트에서 어떤 역할을 수행했으며 이로 인해 어떤 경험과 역량을 보유하고 있는지를 질적으로 충분히 따져보기 어려운 체계이다. 특급인지 고급인지 등 해당 기술자의 등급이 기술자를 평가하는 기본 잣대이다. 일을 잘하는 기술자 보다는 일을 오래한 기술자가 유리하게 평가받는 체계이다. 특급기술자가 다 같은 특급기술자가 아니라는 것은 실무 일선에 서 있는 CM기업이나 CM기술자들은 이미 다 알고 있는 상식이다. 그러나 이 상식이 CM기술자 평가에서는 반영되지 않고 있다.

둘째, CM기술자의 평가가 CM직무연관성·전문성과 잘 매칭(Matching)이 되지 않고 있다. CM기술자를 특급, 고급 등의 등급으로 평가하는 체계라도 이를 CM직무 또는 CM전문기능과 연계시켜 평가한다면 양적 평가의 한계를 어느 정도 보완할 수도 있다. 그러나 현재 기술자의 등급별 내용과 경력관리체계는 CM직무연관성 즉, CM전문성이라는 콘텐츠(Contents)를 반영하지 못하고 있다. 따라서 누가 CM전문가인지를 공식적인 기준과 서류를 통해서는 식별하기가 어려운 상황이다. 이를 CM기업 선정과정에서 식별 및 검증 할 수 있다면 이러한 취약점을 보완할 수도 있지만, 그렇지도 못한 상황이니 결국 양적 평가로 귀결되는 것이다.

셋째, 건설사업관리전문가 보다 건설사업행정전문가를 우대하는 구조가 존재하고 있다. 전관예우(前官禮遇)라는 뿌리 깊은 관행을 지적한 것이다. 공공기관이나 발주청에서 퇴직한 전관(前官)을 기업이 고용하는 것은 비즈니스를 위한 전략적 선택이라고 한다. 만일 이것이 합법적인 절차를 통한 기업의 자발적인 선택이라면 기업 경영을 위한 전략의 하나라고 이해할 수도 있는 부분이다. 그러나 이것이 기업의 자발적인 선택이 아니라 구조적인 강요라면 이는 분명 문제가 있는 것이다. 퇴직 전관이 포함되지 않으면 입찰에서 불리하거나, 오랜 건설·건설기술용역의 경험을 가진 실무전문가가 그 보다 짧은 경력의 퇴직 전관보다 불리하게 기술자 평가를 받는 구조라면 이는 분명 정상적인 상황은 아니다. 물론 건설 관련 공공기관·발주청에 근무한 경력이 있는 퇴직 전관이 건설사업에 관한 경험이 없다고 간주할 수는 없다. 그러나 그 경험은 대부분 건설사업행정의 경험이지 건설사업관리의 경험은 아니다. 건설사업행정전문가와 건설사업관리전문가는 서로 다른 경험과 역량을 가지고 있는 것이기 때문에 서로 혼동되지 말아야 한다. 이는 마치 관제탑에서 오래 근무한 경력이 있으니 파일럿 자격으로 대우하고 평가해 달라는 것과 별반 다르지 않다.

CM전문인력이 합당한 인정과 평가를 받지 못한다면 CM전문인력이 되어야 할 동기가 약할 수밖에 없으며 이는 CM전문인력의 활성화(육성)에 부정적으로 작용할 수밖에 없다. 또한 이는 기술자 스스로가 다른 기술자를 인정하지 못하는 풍토가 조성되는 위험성을 내포하고 있다. 분명히 실무적으로 높은 평가를 받을 기술자가 아닌데 공식적(제도적)으로는 높은 평가를 받고 상대적으로 높은 대우를 받는다면 CM전문인력의 활성화(육성)에 부정적인 영향을 끼칠 수밖에 없다.

우리 CM기업들의 글로벌 경쟁력이 부족하다는 것은 대부분의 CM기업들이 인정하는 사실이다. 글로벌 경험이 부족한 것이야 차차 경험과 실적을 쌓아가며 해결하면 되지만 사실상 그 출발점인 글로벌 진출조차 어려운 것이 현실이다. 그 어려움의 중심에 유능한 CM기술자를 확보하기 어렵다는 점이 있다. 단순히 언어 장벽의 문제가 아니다. 우리나라에서 특급기술자로 인정을 받는 기술자라면 글로벌 사업에서도 '특급'으로 활동 할 수 있어야 한다. 그러나 현실에는 분명 괴리가 존재하고 있다.

● CM전문인력은 직무연관성·전문성으로 평가되어야 한다

CM제도가 CM정책목표의 하나인 CM전문인력의 활성화(육성)를 달성하기 위한 방향성은 명확하다. 적정한 CM대가와 관련된 현안들을 해결하고, 직무연관성·전문성에 입각하여 CM기술자를 평가하는 체계를 구축해야 한다. 이를 위해서는 CM사업자를 선정하는 과정에서 CM단장과 주요 참여기술자에 대한 이력 평가 절차가 마련되어야 한다. 현(現) 평가 절차에 이미 CM단장 인터뷰라는 절차가 존재하고 있다. 따라서 굳이 새로운 절차가 필요한 것이 아니라 이를 보완·강화하면 된다. 인터뷰 대상에 CM단장뿐만 아니라 주요 참여기술자 2인~4인 정도를 추가하고, 각 인터뷰 대상의 이력(경험, 경력, CM직무연관성·전문성 등)을 평가위원들이 심층 검증할 수 있도록 충분한 인터뷰 시간을 할애하는 것이 하나의 예이다. 이를 위해서는 두 가지 전제조건이 필요하다.

첫째는 PQ평가에 통과되는 입찰자 수를 제한할 필요가 있다. 현실적으로 대부분의 CM사업자 선정 평가는 당일(1일)에 마무리 될 수밖에 없다. 따라서 PQ평가 통과 입찰자 수가 너무 많아지면 심층 인터뷰를 효과적으로 진행하기 어렵기 때문에 PQ평가 통과 입찰자 수를 제한할 필요가 있다.

둘째, 장기적으로는 CM기술자의 이력을 공식적으로 확인할 수 있는 경력관리체계가 마련되어야 한다. 단기적으로는 CM단장과 주요 참여 기술자가 제출하는 상세 이력서(Full CV)를 활용하는 방식을 채택하면 된다. 상세 이력서에 기록된 정보의 신뢰성에 대한 시비가 있을 수도 있지만, 이는 전문성 있는 평가위원들을 확보하여 이들로 하여금 검증하도록 하여야 한다. 장기적으로는 경력관리체계를 개선하는 과정에서 상세 이력서를 등록하도록 한다면 해당 사업에 따라 임의적으로 이력 내용을 바꾸는 것을 일정 부분 통제할 수 있을 것이다.

CM전문인력을 CM직무연관성·전문성의 질적인 측면에서 심층 평가하게 되면 이는 CM기술제안평가의 변별력을 높이는 동반 상승효과를 가져올 수 있다. 그간 양적인 측면이 강조되는 PQ와 짧은 시간에 이루어지는 기술제안평가로 인해 CM기술제안평가의 변별력에 대한 논란은 지속적으로 존재해왔다. 그러나 CM전문인력에 대한 심층 평가를 위해 PQ통과 입찰자 수를 제한하여 충분한 시간을 할애한다면 그 시간을 활용해 기술제안에 대한 심층적인 검증도 이루어 질 수 있다. 이를 통해 화려한 미사여구와 비주얼(Visual)을 강조한 기술제안서와 PT만 잘하는 발표자(CM단장)를 걸러 낼 수 있다면 CM기술제안평가의 변별력을 향상시키는데 일조 할 것이다.

5. CM산업의 미래 비전과 정책 목표의 달성

본 장은 CM정책목표를 달성하는 것이 CM제도의 역할이며, CM정책목표를 달성할 수 있도록 CM제도가 개선되는 것이 올바른 방향성이라는 대전제에서 출발하였다. CM정체성, CM대가, CM활성화, CM전문성 등 다양한 관점에서 CM제도의 올바른 방향성을 제안하였다.

한 가지 흥미로운 점은 이들 제안을 되짚어 보면 지극히 상식적(Common Sense)이라는 것이다. 일의 양과 심도에 상응하는 대가의 지급, 전문가를 전문가로 인정하고 우대하는 환경, 운이 아닌 실력이 변별력이 되는 환경을 만들자는 상식적인 제안을 한 것이다. 이미 과거 어느 시점에서 누군가가 한번쯤 아니 그 이상으로 수없이 했던 제안들이다. 이 글을 집필하면서 '비상식적인' 제안도 해보고 싶었지만, 일단 상식적인 것부터 우리 CM제도에 반영하는 것이 최우선 과제라고 판단했다. "현대사회에서는 상식(Common Sense)이 더 이상 일상적이지(Common) 않기 때문에 상식을 구현하는 것은 위대한 일이다" 라는 경구(警句)에 대한 필자의 깊은 공감도 상식을 다시 강조하는 선택을 하게했다.

비록 상식적이지만 상기 제안들이 투영된 CM제도가 혁신적인 CM제도라고 필자는 확신한다. 혁신적인 제도란, 기업이 혁신적이지 않으면 생존할 수 없는 환경을 만들어 주는 제도, 기업에게 혁신을 해야 할 동기를 부여할 수 있는 제도이다. 상식적이며 혁신적인 CM제도를 만들어 가는 과정은 분명 험난할 것이다. 모든 CM기업들이 힘을 보태는 개선방향도 있지만, 각 기업의 상황과 입장에 따라 서로 동의하지 못하는 개선방향도 있기 때문이다. 이 때문에 상식적인 개선방향이 무엇인지 모르지 않으면서도 그간 CM제도에서 이를 수용하기 어려웠던 고충도 잘 알고 있다. 그럼에도 불구하고 필자는 한 가지에만 집중했다.

"건설사업의 효율성 제고와 글로벌 경쟁력 강화를 위해
CM을 활성화 시키고 CM기술력 제고와 CM전문인력 육성을 추진하며
CM제도의 글로벌스탠더드화를 추구한다"

향후 CM산업이 지향해야 할 비전이며 정부가 올바르게 설정한 CM 정책목표이다. 향후 20년, CM 40주년에는 CM정책목표가 달성되었기를 응원하며 기대해 본다. 만일 그렇게 된다면 양질의 CM서비스를 통해 CM의 가치를 건설고객에게 인정받고, CM산업·기업·기술자는 활력과 열정이 넘쳐나며, 글로벌 시장이 우리 CM기업의 텃밭이 되는 것. 이것은 더 이상 목표가 아닌 성과일 것이다.

최근 CM제도 개선 움직임에 대한 단상(斷想)

학자들 간에 통용되는 경구(警句)가 하나 있다. 가능한 한 제도에 관한 책은 쓰지 말라는. 시시각각으로 변하는 제도의 특성 때문에 발간하는 순간, 수정판을 집필해야 하는 상황이 발생할 수 있기 때문이다. 이 책의 탈고(脫稿) 이후, CM제도 개선을 위한 정부의 움직임이 관찰되었다. 필자 입장에서는 예의주시 하지 않을 수 없었다.

그러나 CM제도 개선에 관한 주요 내용들을 살펴보면서 안도감을 느꼈다. CM제도의 개선을 필요로 하는 문제의식에 대한 공감대를 발견할 수 있었고, 필자의 제안과 맥락을 같이 하는 부분들도 많이 있었기 때문이다. 설사 일치하지 않는 방향과 내용이 있더라도 상관은 없다. CM제도의 개선을 바라보는 시각은 다를 수 있기 때문이다.

이 책에 제안된 내용들이 향후 지속적인 CM제도 개선을 위한 '힘 보태기'가 되기를 기대해본다. 'CM정책목표를 달성할 수 있는 CM제도', 이 대전제는 변하지 않는 것이라 확신하기 때문이다.

CHAPTER

05

CM의 과거, 현재, 그리고 미래

•

산남회

05

CM의 과거, 현재, 그리고 미래

성균관대학교 김예상 교수 | 서울대학교 이복남 교수 | 서울대학교 이현수 교수
세종대학교 김한수 교수 | 한미글로벌 박상혁 연구소장
편집 한미글로벌 조아라 대리

CM 20주년을 즈음해 발간되는 이 책자는 CM의 과거와 현재를 진단하고 보다 발전적인 미래를 구상해본다는 점에서 그 의미가 매우 크다. 지금까지 우리가 경험하고 사용해온 CM에 긍정적인 면과 부정적인 면은 무엇이었으며, 앞으로의 발전을 위해 무엇을 어떻게 변화시켜가야 하는가? 모든 문제를 해결할 수는 없겠지만 이에 대한 화두를 던지는 것이 이번 기념책자의 취지이자 목적이다. 이와 관련해 이미 CM과 발주자, CM 서비스 공급자, CM 시장, 그리고 그와 관련된 제도와 정책 등의 주제를 다루어보았다. 하지만 우리가 추구하는 CM의 발전된 모습을 짧은 지면에 펼쳐놓기에는 아쉬운 점이 많았다. 그런 의미에서 전문가적인 분석과 의견을 제시했던 저자들이 다시 모여 미처 하지 못했던, 그리고 반드시 한번쯤은 짚고 넘어가야 할 얘기들을 나누어 보았다.

Issue. **#1**

CM과 발주자

김예상 교수 이번 책자의 첫 번째 주제가 발주자와 CM의 관계인데요, 우리나라는 CM제도가 발주자의 니즈가 아닌 제도적 틀에서 시작되었기 때문에 태생적 차원에서 발생된 문제들이 아직까지 계속되고 있다는 논의가 있었습니다. 그래서 저는 CM의 역량을 키우기 위해 기업이 해야 할 부분도 있지만 발주자가 CM에게 무엇을 원하는가를 확실히 알아야 CM역량도 발전할 수 있다는 의견을 제시했었습니다. 그 외에도 여러분들이 생각하시는 발주자와 CM의 관계에 대해 토론을 시작해 보지요.

이현수 교수 CM사업의 발주자를 공공, 민간으로 구분할 수도 있지만, 일회성 또는 지속적인 발주자로 구분할 수도 있습니다. 발주자의 다양성이 변수가 될 수 있다는 뜻인데, 어떤 유형의 발주자이냐에 따라 보유하고 있는 CM 관련 지식수준도 다르고 CM에 대한 요구사항도 다르기 때문에 CM의 역할과 업무범위도 변화될 수 있습니다. 예를 들면 정부공사인 경우에는 해당기관의 발주담당관이 프로젝트를 잘 이해하겠지만 일회성 민간사업인 경우에는 발주자가 프로젝트에 대한 지식이 부족할 수밖에 없으므로 발주자가 원하는 사항을 해결해주는 차원에서 CM의 역할을 찾아야 합니다. 한편, H CM사가 수행해 왔던 대형 마트 프로젝트와 같이 지속적이고 반복적인 프로젝트는 발주자의 CM에 대한 요구수준이 점점 높아지는 양상을 보이기도 합니다. 또 발주자 입장에서 CM에게 바라는 것도 있지만 CM을 잘하기 위해서는 발주자와 CM간의 의사소통이 중요한데, 이를 위해서 CM기업은 무엇을 더 준비해야 할지 생각해보아야 합니다.

이복남 교수 경험적으로 보면 제도가 없을 때에도 CM은 잘 이루어졌다고 생각합니다. 그 이유는 사업의 목적이 뚜렷했기 때문입니다. 발전부분을 예로 들면, 발전소는 전력수급계획에 따라 정해진 날짜에 완공이 필히 이루어져야 합니다. 이처럼 발주자가 어떤 목표를 뚜렷하게 가지고 있을 경우, 공공프로젝트라 하더라도 처음부터 끝까지 이러한 목표를 관리하는 PM이 필요하게 됩니다. 하지만 일반적인 공공프로젝트에는 PM이 존재하지 않았습니다. 설계조직, 공사조직, 현장조직이 완전히 삼원화 되어있고, 심지어 계약부서까지 따로 있는 실정입니다. 건설은 Integration이 중요한데 현재 국내는 통합의 주체가 상실되어 있는 상황인 것이지요. 다만 발주자들은 성과품이 확실한 설계나 시공에 대해서는 확실하게 결과물을 요구합니다. 가령 설계기준을 일정 수준 이상 만족하라, 또는 시방서 기준을 만족하라 이 두 가지는 확실합니다. 그러나 목적물이 명확하지 않은 경우에는 양상이 달라지는데, 서비스라는 것은 발주자의 니즈가 분명치 않으면 서비스를 요구할 이유가 사라지게 됩니다.

다음으로 CM제도 도입의 목적에 대해 살펴보면, 96년도 당시 CM제도 도입의 목적은 우리 건설산업의 생산성을 높여 선진화를 시키자는 취지였습니다. 하지만 이것은 산업의 목적이지 발주자의 목적과는 전혀 다른 것이라 할 수 있지요. 그런데, 공공발주자는 민간과 비교할 때 또 다른 성격을 가지고 있었습니다. 철도시설공단, 도로공사, 수자원공사, LH공사 등의 대표적인 공공발주지관은 수 천 명의 직원이 근무하는 거대 조직일 뿐만 아니라 그 기능은 건설 및 유지관리만을 위한 것입니다. 여러 지역에 분산되어있는 국토관리청도 마찬가지 입니다. 이 조직의 사람들이 자기 역할이 곧 CM이라고 생각하는 것은 당연한 결과입니다. 때문에 공공공사에서 CM이 어떤 목표를 추구해야 하는지 명확하게 가져가기 어려웠고, 행정적인 역할의 대체 관리자쯤으로 인식되는 결과가 초래되었고, CM서비스도 본래 취지에 맞는 수준이 되지 못했습니다.

김예상 교수 조금 쉽게 표현해보면, 발주자의 유형을 '프로젝트의 요구조건이 무엇인지 확실하게 알고 있지만 그 이상은 지식이나 경험이 없는 발주자', '요구조건이 무엇인지 확실히 알고 있고 그것을 달성하기 위해 무언가 플러스알파가 있으면 좋을 거 같은데 그것을 정확히 파악하지 못하는 발주자', '이도 저도 잘 모르는 발주자'로 구별할 수 있을 것 같습니다. 첫 번째나 세 번째 유형의 경우, CM의 필요성은 어느 정도 당연한 것으로 생각되지만, 오히려 두 번째 유형의 발주자에게 주목해야 할 것 같습니다. 즉, 발주자로부터 CM의 필요성과 전문성을 확실하게 인정받고 발주자의 빈틈을 채워준다면 그에 대한 부가가치를 높일 수 있기 때문입니다. 제가 원고에 실은 사례 중 제일 흥미로운 프로젝트가 워싱턴

타워 보수 공사였습니다. 겉으로 보면 단순한 보수공사인데, 과연 우리나라 발주자 같으면 좀 더 잘해보자고 CM을 쓸 생각을 했을까요? 프로젝트 성공에 대한 새로운 방향, 그리고 그에 대한 발주자의 패러다임도 달라져야 국내 CM업계의 역할도 늘어날 것입니다.

이복남 교수 공공의 경우 발주기관의 장은 그의 책임을 확실하게 인식하고 있겠지만, 실무를 담당하는 발주 계약담당자의 관점은 다를 수 있습니다. 사업의 성공보다는 실패하지만 않으면 되는 것이지요. 즉, 프로젝트에 대한 Ownership이 그만큼 중요하다는 얘기입니다. 경부고속철도나 인천공항 1단계 사업은 공공사업이지만 좋은 예가 될 수 있습니다. 그 당시에는 법이 제대로 갖춰져 있지 않았음에도 사업규모가 워낙 크고 날짜가 정해져 있으니 기관장이 '선진기업을 데려와 보자, PM서비스를 받아보자'라는 판단을 한 것이고, 그것이 프로젝트 성공의 동력이 되었습니다. CM 적용에 있어 공공이든 민간이든, Ownership을 가진 자의 역할이 그만큼 중요합니다.

김예상 교수 그렇다면 지금의 발주자들에게 CM의 중요성과 필요성을 보다 더 강하게 인식시키려면 어떻게 하는 것이 좋을까요? 그 방법이 기업 차원일지, 제도의 차원일지 학문적 차원일지, 아니면 그에 대한 장애요소가 무엇인지 얘기해 보면 좋을 것 같습니다.

이복남 교수 공공 발주자에 대해 얘기를 계속하면, 같은 공공이라도 건축과 토목은 그 성격이 매우 다릅니다. 건축은 설계를 하면 건물주가 있고 입주할 사람이 정해져 있습니다. 그래서 설계와 시공이 연계되어 있습니다. 그러나 도로공사, 댐, 상하수도는 시설물의 특성상 주인이 정해져 있지 않기 때문에 설계 뒤 공백 기간이 2~3년 가량 쉽게 발생하는 것이 일반적인 공공사의 현실입니다. 설계 책임자와 시공 책임자가 완전 별개이고 그래서 사업의 공백기가 발생하면서 사업의 명확한 주체가 불분명해지고 이에 따른 문제도 발생하게 됩니다. 안타깝게도 CM도입을 심각하게 고려할 필요성도, 주체도 없다는 얘기입니다.

이현수 교수 말씀하신 것이 시설물의 특성이라면, 공공 발주기관의 특성도 CM 정착과 발전에 장애요소가 될 수 있습니다. 선진국의 대형 공공발주자의 경우, 오너형 CM이 가능할 정도로 절차와 역량이 갖추어져 있는데 우리는 대표적인 공공발주기관에서도 그 부분에서 많이 부족한 게 사실입니다. 부족한 부분을 외부의 CM이 도와줄 수 있었지만 자신들의 일이 CM 업무에 해당한다는 나름대로의 선입견 때문에 이들에게 CM의 필요성이 각인되지 못한 것 같습니다. 이는 CM산업의 잘못이라기보다는 공공발주자들의 관행적인 업무스타일 때문에 발생한 문제이므로 정부차원에서 제도나 정책적으로 보완해나가야 할 과제라 생각됩니다.

김예상 교수 거꾸로 현재의 공공 발주자가 오너형 CM에 해당하는 조직이라고 한다면, 굳이 CM을 적용하라고 강요할 필요가 있을까요?

이현수 교수 우리나라 공공발주자는 오너형 CM조직이라고 보기에는 업무수행 측면에서 미흡한 점이 있기 때문에 어떤 방법이든 우리가 생각하는 CM업무를 공공발주자의 업무에 접목시키면 훨씬 나아질 것으로 생각합니다. 가능하다면 오너형 CM의 역량을 갖출 수 있도록 도와주는 방법도 생각해 볼 수 있겠지요.

이복남 교수 미국 DOT(Department of Transportation)하고 우리나라 국토부하고 가장 큰 차이가 우리는 법과 제도로 움직인다는 점입니다. 모든 것을 법과 지침으로 정하고 있습니다. 그러나 법은 산업을 위한 것이지 개별 프로젝트를 위한 것이 아닙니다. DOT에는 프로젝트 개별 규정이 있습니다. 산업의 규정이 움직이는 것이 아니라 프로젝트 규정이 움직이는 것입니다. 우리는 그런 규정을 부정합니다. 최근 한 대규모 공공공사 현장을 실사해보니 과거보다도 절차가 후퇴해 있던데 그 배경에는 법과 제도가 있었습니다. 법과 제도가 너무 깊숙이 개입하다 보니 발주자와 원청자는 법 규정대로만 하고 프로젝트의 성공과 실패에 아무런 책임을 지려하지도, 질 필요도 없어져 버렸습니다. 품질에 대해서는 감리만 유일하게 서명하도록 되어있고 발주자나 시공자의 품질관리 책임이 문서로는 전혀 남겨지지 않고 있다는 사실을 확인했습니다. 왜 이렇게 상황이 후퇴했나보니 정부가 내 놓은 지침 때문이라고 합니다. 프로젝트의 성공을 위한 규정이 존재하지 않는 한, 제대로 된 자원과 계획을 갖추어도 현재의 제도 하에서는 이 모든 것들이 제대로 작동 할 수 없습니다.

김한수 교수 발주자와 CM기업은 수요라는 연결고리를 통해 관계가 형성

됩니다. CM을 발주하는 이유는 발주자가 직접 건설사업을 잘 관리하기 어려워 도움이 필요하기 때문입니다. 이는 민간이든 공공이든 공통적으로 적용되는 원리입니다. 공공의 예로, 혁신도시 사업 당시 발주된 CM 사업들을 보면 대부분 일회성 사업이고 건설사업의 시행 경험이 부족했던 발주자들에 의한 것이었습니다. 발주자에게서 관찰되는 흥미로운 특징 중 하나는 CM의 난이도를 과소평가 하는 경향이 있다는 것입니다. 즉, 자신이 보유한 인력, 조직, 경험, 역량 등이 부족함에도 불구하고 건설사업을 직접 관리하는 것이 얼마나 난이도 있는 일인지 사전에 잘 인지하지 못하는 발주자들이 상당히 있습니다. CM 수요를 개척하는 과정에서 중요한 것은 건설사업을 직접 관리하는 것이 얼마나 난이도가 있는 일인지를 잠재적 발주자들과 소통하는 것입니다. 의사가 제일 고치기 힘든 환자는 본인이 아프다는 것을 인정하지 않는 환자라고 합니다. 결국 CM의 수요 창출을 위해서는 지금 발주자들이 얼마나 아픈지 즉, 전문적인 CM의 도움이 없을 때 얼마나 힘들고 성과가 부실한지를 실패 사례들을 통해 알려주고, 그 아픔을 치유할 수 있는 해법으로써 CM이 제시될 필요가 있습니다.

김예상 교수 앞서 얘기했던 발주자 유형에 한 가지를 더하자면 이도 저도 아닌데 자신의 책임을 면피하고 싶은 발주자가 있을 것 같습니다. 업계 사람들과 인터뷰를 해보면 특히 공공의 경우에 발주자 자신의 면피용, 행정 처리용으로써 CM의 역할을 생각하는 경우도 적지 않다고 합니다. 물론 일부의 사례이겠지만, 이렇게 되면 프로젝트의 성공보다 다른 목적으로 CM의 수요가 왜곡될 수도 있을 것 같습니다.

Issue. **#2**

CM 서비스와 CM의 역량

박상혁 소장 우리 책자에서는 CM 서비스 공급자 측면도 다루고 있습니다. 여기에서 중요한 것은 CM의 역량이나 서비스의 질이 될 것 같은데요, 과거나 현재에서 한발 더 나아가, 미래의 발주자가 CM에 바라는 것은 무엇일까요? 발주자들은 자신이 스스로 프로젝트를 수행할 능력이 있지만 더 잘하고 싶은 경우에는 CM의 전문성을 필요로 하고, 할 수 없어서 도움이 필요한 경우는 CM의 경험을 요구하는 것 같습니다. 이렇게 발주자의 유형에 따라 CM의 용도도 달라진다는 것이지요. 특히 현재는 정보화 사회가 되고 많은 변화들이 생기면서 예전과 달리 정보에 대한 많은 부분이 개방되어있는 상황입니다. 미래의 발주자가 CM에 바라는 것은 결국은 경험하지 못한 것에 대한 도움보다는 보다 더 전문성을 요구하는 부분으로 갈 것이라고 생각됩니다. 이러한 예측이 맞을 것인지, 아니면 아예 생각지도 못한 새로운 수요가 생기게 될 것인지 궁금합니다.

김예상 교수 좋은 말씀이신데, 이 이야기를 풀어가기에 앞서 우선 미래의 CM 내지는 좋은 CM, 훌륭한 CM이 무엇인지부터 얘기해 봐야 할 것 같습니다.

이현수 교수 지금 우리는 암묵적으로 국내에서 CM이 성장하지 못했다는 전제하에 논의하고 있습니다. 그렇다면 CM제도 도입이 20년이 되었는데 크게 변하지 못한 이유가 무엇인가에 대해 먼저 이야기를 나누어 보고, 그런 다음에 앞으로 우리나라에서 CM이 성장하려면 어떠한 노력을 기울여야 할 것인지 논의해보는 게 좋을 것 같습니다. 국내 CM을 되돌아보면 발주자의 리스크를 전가 받아 업무를 수행하는 전형적인 CM 역할도 있었지만 책임감리와 CM이 병행되어왔기 때문에 CM의 정체성이 제대로 확립되지 못한 부분도 있습니다. CM 전문가들은 책임감리는 CM의 일부분이고 그 앞에 더 중요한 CM업무가 있다고 얘기하지만 CM이 발주자 니즈를 만족시키고 있는지 제대로 증명을 못해온 것이 사실입니다. 발주자가 CM의 효과에 대해 확신을 못하니 피상적으로 공기단축이나 공사비절감은 CM 아니어도 할 수 있다고 생각하게 만들었습니다. 다시 말하면 좋은 CM, 훌륭한 CM을 얘기하려면 Best Practice를 대상으로 정량적인 분석을 통하여 CM 효과를 입증하는 작업이 필요했었는데 그것을 못하고 20년이 흘러간 것 같습니다.

박상혁 소장 제가 질문을 드린 이유를 비유해서 설명하자면, 예전에는 택시를 타는 이유 중에 하나가 모르는 곳을 찾아가기 위해서였습니다. 왜냐하면 택시기사들이 길을 잘 알았기 때문이지요. 그러나 요즘은 택시를 타도 내비게이션 등 정보통신 기술의 발달로 승객보다 택시기사가 길을 더 모르는 경우가 많습니다. 아마 CM의 미래나 역할도 예전에는 발주자가 법규나 제도를 잘 모르니까 이용을 했다면, 발주자가 이러한 부분을 더 잘 알고 있을 때 CM의 역할도 당연히 달라지지 않을까 라는 생각에 미래 CM에 대한 질문을 드린 것입니다.

이복남 교수 과거나 현재를 불문하고 CM의 수요는 뚜렷한 사업 목표에서 나옵니다. 과거 발전소의 경우 왜 CM이 발전했을까 라고 생각해보면 이유가 뚜렷합니다. 성능이 나와야 하고, 시간을 지켜야 하고 비용을 최소화해야 한다는 것, 이것이 사업의 목표이자 PM의 평가기준이었습니다. 사업의 성과가 무시되면 CM 도입이 어렵습니다. 공공부문에도 성공사례는 분명히 있습니다. 행정복합도시의 경우 정부가 2012년 9월 15일부터 이전한다는 마일스톤을 법으로 정해버리니까 참여주체 모두가 같은 목표로 움직였습니다. 월드컵 경기장 건설의 경우도 완공날짜가 확정되니 발주자가 원가나 공기 측면에서 모든 수단과 방법을 가리지 않고 여러 가지 방법을 도입하였습니다. 현재 나타나고 있는 여러 가지 새로운 기술의 발전은 이런 목표를 달성하기 위한 도구가 되겠지만, CM 수요를 유발시키는 것이 사업의 목표라는 점은 미래에도 마찬가지라고 생각합니다.

그런 관점에서 제가 생각하는 CM의 미래 수요 중 하나는 민간자본에 의한 공공사업 부문입니다. 향후 공공공사에서 공공 재정보다는 민간자본의 역할이 커질 것 같은데 투자자들의 입장에서 보면 현재같이 늘어가는 공기를 감당할 수 없을 것입니다. 당연히 투자비를 빨리 회수하고 싶으니까 공기를 최대한으로 줄이려고 할 것이고, 그렇게 되면 자연스럽게 CM에 대한 수요가 늘어날 것입니다. 그리고 유지보수분야도 기회가 있다고 보는데, 사용자들에게 불편함을 주면 안 되니까 사업기간, 공사기간을 최소화하는 방법을 찾을 수밖에 없고 여기에서도 CM에 대한 수요가 발생할 수 있습니다. 이처럼 공공자본을 대체할 수 있는 민간자본의 비중이 커질수록 CM의 미래는 밝을 것이라 생각됩니다.

이현수 교수 미래 CM은 지금의 CM에 비해 특별한 것은 아니지만 분명히 변화는 있을 것이라고 생각합니다. CM이라는 용어에서 Construction은 '건설/시공'으로 너무 작은 범위에 얽매여 있는 듯합니다. 미국 버클리 대학에서는 수년전에 대학원 전공프로그램 명칭에서 Construction을 빼고 'Engineering & Project Management (E&PM)'로 변경하였습니다. CM은 그 동안 건설 도메인에서 기업과 산업차원의 경영업무를 비롯해 프로젝트 차원의 관리 역할을 수행하여 왔습니다. 이 중 프로젝트를 대상으로 하는 PM의 관점에서 보면 그 범위가 점차 확장되고 있기 때문에 미래의 CM은 새롭게 거듭날 필요가 있습니다. 최근 PM은 프로젝트의 시작에서 끝까지만 개입되는 작은 범위에서 프로젝트가 생기기 이전부터 끝난 후 사용 및 유지관리 단계까지 그 범위와 역할이 더욱 커지고 있습니다. 따라서 건설프로젝트를 관리하는 CM 기업도 이런 변화를 인식하고 준비를 해야 합니다. 다시 말하면 프로젝트 가치사슬(Value Chain)이나 생애주기(Life cycle) 전체를 아우르는 확장된 PM의 역할에 관심을 가져야 하겠습니다.

김한수 교수 저는 CM의 미래에서 변하지 않는 것과 변하는 것이 있다고 봅니다. 변하지 않는 것은 발주자의 가치달성(Client's Value for Money)이라는 CM의 존재목적입니다. 발주자의 가치는 돈, 시간, 품질 등 다양한 형태와 우선순위로 정의될 수 있습니다. 그러나 이를 달성해야 한다는 CM의 존재목적은 과거나 현재나 미래에도 달라지지 않을 것입니다. 반면 변해야 하는 것이 있습니다. 이는 발주자의 가치를 달성하기 위해 필요한 도구와 서비스 그리고 역량이며 이를 CM솔루션(CM Solutions)이라고 통칭할 수 있습니다. 향후 건설사업은 더 어려워지고 복잡해지며 리스크는 증가할 것이며, 발주자의 수요와 눈높이도 더 정교해지고 높아 질 것입니다. 또 ICT 등과 같은 연관 기술의 발달과 활용도 더욱 가속화 될 것입니다. 따라서 CM솔루션도 이러한 변화에 발맞추어 고도화되어야 합니다.

김예상 교수 김한수 교수님 이야기를 들으면서 CM이 발주자의 변화에 대비해 무엇을 해주어야 하는지 세 가지 부분에서 떠올랐습니다. 첫 번째가 '용역 성과품과 결과물의 품질 제고(Better Performance 또는 Better Output)'로 이것은 기존의 프로젝트에서 발주자들이 원하는 것이 되겠고, 두 번째는 '기능의 다양화(Functional Variety)'로, 예를 들면 계약이나 클레임 분야와 같이 보다 전문적이고 다양한 서비스로 CM의 기능을 확대해 가는 것입니다. 마지막으로 세 번째는 '활동 영역의 확대(Enlarged Domain)'입니다. 요즘 선진국 CM회사들이 제공하는 서비스를 살펴보면 CM이나 PM 외에도 엔지니어링 매니지먼트, 심지어 프로젝트 개발이나 물류관리에 이르기까지 서비스 도메인이 복합적이고 커져가고 있습니다. 그렇게 보면 우리가 이제는 CM을 CM이라 부르지 말아야 될 시기가 오지 않았는가라는 생각이 들 정도입니다. 발주자의 요구가 변한다면 그들의 입맛에 맞춰 CM업계도 대비를 해야 합니다.

김한수 교수 최근 해외 PMC사업의 사례를 다수 분석해보니 내용적으로는 PMC서비스를 요구하는 것인데 입찰공고 자체는 'Engineering Consultancy'인 경우가 상당수 있었습니다. 발주자 입장에서는 기업이 제공하는 서비스가 공학기술적 솔루션(Technical and Engineering Solutions)이든 사업관리 솔루션(Project Management Solutions)이든 상관없이 그들에게 필요한 서비스와 해법을 제공할 수 있는가가 본질적인 관심사인 것입니다. 이제는 CM의 정의와 영역도 토탈 서비스(Total Service)라는 관점으로 확장될 필요가 있습니다.

이현수 교수 지금까지의 논의를 정리해보면 미래 CM의 영역이 복합적으로 확장될 것이므로 이에 대한 대비가 필요하다는 점입니다. CM의 Value Chain이 앞뒤로 확장된다는 가정 아래 CM기업이 경쟁력을 갖추려면 CM보다는 PM의 관점에서 역할변화를 인지해야 할 것입니다. 그런데 PM을 대표하는 세계적인 단체인 유럽의 IPMA와 미국의 PMI에서 주창하는 PM의 정의와 역할은 차이가 있는 것 같습니다. PMI는 지식영역(Knowledge Area)을 중심으로 요소기술의 관리측면을 강조하고 있습니다. 반면 IPMA는 프로젝트에 투입되는 자원(Resource) 관리를 상당히 중요하게 생각합니다. 그 중에서도 인적자원의 리더십을 특히 강조하고 있습니다.

최근에 두 단체는 PM에 관한 공통 관심사항을 논의하면서 PM의 표준적 정의(ISO 21500)를 확립했습니다. 이에 따르면 PM의 역할은 프로젝트를 발굴하는 것에서 시작합니다. 즉 PM은 사업환경과 기회(Opportunities)를 분석해서 사업대안(Business Case)과 프로젝트를 발굴하고, 프로젝트가 성사되면 PMBOK의 PM 고유기능을 수행한다는 개념입니다. 또한 이전에는 프로젝트의 성과물이 고객에게 인도되면서 서비스가 종료됐는데 확장된 PM의 역할은 완성된 시설물의 운영에도 관여하게 되어있습니다. 시설물을 운영하는 과정에서 수익이 창출되고 이러한 효과를 다시 기회의 재창출로 활용할 수 있습니다. 그래서 또 다른 사업대안을 만들고 이런 일련의 과정 속에 PM의 역할은 기존 프로젝트의 앞뒤로 점차 확장된다는 것입니다.

이러한 관점에서 CM기업이 경쟁력을 가지려면 그 동안 해왔던 설계관리와 시공관리의 전통적인 사업 범위에만 치중해서는 안 될 것입니다. 따라서 CM은 프로젝트 이전 단계인 타당성 조사와 계약관리에 관심을 가질 필요가 있습니다. 최근 말레이시아 초고층 건설현장에 방문했을 때 일입니다. 미국의 저명한 CM회사인 T사의 직원이 상주하고 있기에 당연히 CM업무를 수행하는 줄 알았는데 자기들의 역할은 CA(Contract Administrative)라고 하더군요. 이 프로젝트는 우리나라 건설회사가 CM at Risk 형태로 진행하고 있었지만 프로젝트의 전반적인 통제는 T사에서 하고 있었습니다. 이처럼 프로젝트의 특성과 발주자의 요구에 따라 CM의 역할도 달라지는 것을 확인할 수 있었습니다.

김한수 교수 CM을 포함해서 최근 국내 건설시장 상황을 보면 '누가 내

치즈를 옮겼을까?' 라는 책이 생각납니다. 원래 치즈가 있던 자리, 즉 기존 먹거리로서 시장을 바라보면 불안하고 걱정할 수밖에 없습니다. 그러나 옮겨진 치즈를 놓고 보면 상당한 기회가 생겨납니다. 한 가지 흥미로운 점은 국내 내부에서는 먹거리가 없어 불안하고 힘들다고 이야기하지만 글로벌 메가트렌드 관점에서 보면 다른 시각이 존재한다는 것입니다. 다보스포럼이나 밀레니엄 프로젝트 등의 사례를 보면 인류의 미래를 위해 건설산업과 건설기술자들이 역할이 크다는 것을 시사하고 있습니다. 이처럼 우리가 어디에 시각을 두는가에 따라 미래 CM의 전망은 달라질 수 있습니다.

김예상 교수 '고양이 목에 방울달기'라는 이솝우화를 인용해 볼까요? 쥐들은 고양이목에 방울을 달면 안전하게 살 수 있다는 것을 잘 알고 있었습니다. 그런데 그들은 누가 그 임무를 수행해야하는 가에서 벽에 부딪히고 맙니다. 어떻게 보면 어떤 방울이 성능이 좋다는 것도 다 알고 있었을 것입니다. 명제도 알고 기술적인 것도 갖추고 있는데 문제는 고양이 목에 방울을 달 주체, 즉 사람으로 치면 '휴먼인프라(Human Infra)'라는 것입니다. 지금 CM업체의 휴먼인프라 수준을 고려해 보면, 그들이 시공기술자로서 일류 시공사를 압도할 수 있는 있을까, 더 중요한 것은 CM으로서의 관리역량을 갖추고 있는가에 의문이 있습니다. 결국, 이처럼 휴먼 인프라가 제대로 갖춰지지 않은 상태에서 글로벌 수준의 CM 서비스를 제공할 수 있을까 라는 근본적인 문제를 생각하지 않을 수 없습니다.

이런 문제를 해결할 수 있는 방법 중에 하나로, 복합적이고 고도의

CM 서비스가 요구되는 국내 대형 프로젝트를 대상으로 외국의 선진 CM기업을 투입해 성공사례를 만들어 본다면, 그 파급력이 매우 크리라 봅니다. 우리 CM업체의 능력을 폄훼하자는 것은 아니지만, 고도의 CM을 요구하는 프로젝트가 무엇인지, 글로벌 수준의 CM 전문가와 그들의 역량은 어떤 수준인지, 그것이 어떻게 운영되는지를 보게 되면 우리 발주자나 CM업체의 시각도 달라지리라 생각됩니다. 이런 임팩트 없이 우물 안의 개구리로 머물러서는 CM산업의 환경이 달라지지 않을 것입니다.

이현수 교수 휴먼인프라 확충은 단시간에 해결하기 힘든 문제인 것 같습니다. 우리나라는 그 동안 대기업이 좋은 인재를 독점해갔습니다. 그런데 기업 내에 오래 머물면 좋은 인재들이 평준화되는 경향이 있습니다. 인재들이 부서 책임자나 임원 레벨로 성장하게 되면 본질적인 기술 향상에 시간을 투자하지 않고 대부분 수주관련 영업을 하다 보니 결과적으로 이런 일이 발생하는 것 같습니다. 기업이 갖추어야할 미래 경쟁력을 얘기하면서 이를 달성시켜 줄 인재들이 없음을 발견할 때 매우 깊은 고민에 빠지게 되는데, 대학 교육에서 이런 문제를 해결하기에는 한계가 있습니다.

CM기업이 인재를 영입하여 장기적으로 경쟁력을 향상시키는 것도 좋지만 또 하나의 방법은 필요한 회사를 M&A 하거나 전문가를 영입하는 것입니다. 이러한 방법은 우리나라 산업환경에서는 아직 익숙지 않은 부분입니다. 기업 간의 M&A는 긍정적인 측면에서 볼 때, 회사의 마케팅 영역을 넓힐 수 있고, 직원들 간에는 경쟁과 지식 및 경험의 공유를 통해 역량을 키울 수 있습니다. 또 인력 운용에 여유가 있거나 깨어 있는 기업이라면 인력의 버퍼를 만들어서 외국 기업에 1~2년 연수나 교육을 보내는 것도 좋은 방안이라고 생각합니다. 안타깝게도 과거 이러한 방법을 실행하던 기업들도 건설 경기의 장기 침체에 접어들며 지금은 잘 실천하지 않고 있지만, 인적자원(Human Resource)에 대한 투자는 CM업체의 기술수준과 역량을 높이는데 무엇보다 중요합니다.

이복남 교수 2016년 7월 해외건설과 관련된 세미나에서 해외시장에 진출한 기업의 CEO들의 고백을 듣고 놀란 적이 있습니다. '우리가 능력이 없다는 사실을 몰랐다'라는 고백이었습니다. 그 주된 이유가 사람이 없다는 것입니다. 그런데 더 중요한 것은 똑똑한 사람이 많더라도 그들이 움직일 수 있는 시스템이 뒷받침 돼야 한다는 것입니다. '90년대 중반에 맥킨지도 유사한 결론을 내린 바 있습니다. 똑똑한 인재를 영입하는 것도 중요하지만 그 사람이 일할 수 있는 환경을 만들어주는 것이 더 중요하다는 것이지요. 그런 플랫폼과 시스템이 마련되어야 하는데 우리는 그것이 없습니다.

국내에서도 CM at Risk 프로젝트를 수행한 경험이 있는 미국 D사를 예로 들어보지요. 이 회사의 프로젝트 비용구조를 보면 오버헤드가 무척 작은 것에 놀라게 됩니다. 하지만 그 내용을 들여다보면 우리와는 전혀 다른 시스템이 존재한다는 것을 발견할 수 있습니다. 미국에서는 오버헤드라고 하면 그야 말로 순수한 오버헤드를 말합니다. 본사에 스텝들이 있는데 그들에게 들어가는 비용은 간접비, 즉 오버헤드가 아니라 직접비로 프로젝트에 대가에 포함됩니다. 중요한 것은 본사 인력을 어떻게 효과적으로 운영하는 가인데, 거기에는 체계적인 플랫폼 즉, 시스템이 지원됩니다. 회사차원에서는 현장에 사람을 직접 투입하는 것보다 본사에서 지원해주는 것이 훨씬 경제적이므로 최대한 현장인력을 줄여야 하는데 플랫폼과 시스템이 없다면 불가능합니다.

애플 캠퍼스2의 사례는 또 다른 측면에서 시스템의 중요성을 보여주는 예입니다. 이 프로젝트에서는 시공 전 계획단계에 굉장히 많은 시간을 할애했습니다. BIM 설계로 가상공간을 따로 만들어서 계획하고 시공단계에서는 실제의 계획과 일치하도록 완성해 가는데 집중했습니다. 그런데 이런 과정이 성공적으로 진행되려면 우선 계획을 할 수 있는 기술, 설계를 할 수 있는 엔지니어링 기술, 그리고 시공에 대한 프로세스 기술이 있어야 합니다. 그리고 이것은 개인의 역량을 넘어 그 일을 수행해가기 위한 플랫폼과 시스템 활용 없이는 불가능합니다.

다시 사람의 문제로 돌아가 짚어봐야 할 것이 있습니다. '인재'가 도대체 누구일까라는 점입니다. 기술사가 인재인지, 특급기술자가 인재인지, 사장이 인재인지, 이사가 인재인지. 우리가 인재에 대해서 한 번도 정의해 본적이 없습니다. 아이러니컬하게도 인재란 한 마디로 정의하기 힘듭니다. 사업조직에서 포지션이 있고 그 포지션에서 요구하는 일을 완벽하게 잘할 수 있는 사람이 필요한데, 우리는 그 포지션에 해당하는 Job Description이 없습니다. 빨리 그것을 찾고 만들어야 합니다. 이것은 CM뿐만 아니라 건설업계 전체에 해당하는 내용입니다.

김예상 교수 인재 이야기가 나오면 에닝요가 생각이 납니다. 브라질에서 귀화한 축구선수인데 수년전에 국가대표로 선발하느냐 마느냐가 이슈가 되었었습니다. 대표선수로서의 자격은 능력이 최우선이겠지만, 결국 대표선수 선발은 무산되고 말았습니다. 우리는 '우리가 할 수 있다' 내지는 '우리끼리 해야 한다'는 선입관이 매우 큽니다. 에닝뇨 선수의 예를 들은 것은 좋은 사람이 있다면 해외에서라도 데려오면 되지 않겠느냐는 뜻입니다. 조선산업과 같은 타 산업분야에서는 외국인 전문가의 활용을 어렵지 않게 찾아볼 수 있지만, 건설산업은 아직도 국수주의적인 측면이 강한 것 같습니다. 이제는 사람에 관련된 부분만큼은 이런 인식을 깰 필요가 있다고 생각합니다.

이현수 교수 기업의 구성원인 개인들의 경쟁력과 역량을 갖추는 것도 중요하지만 기업 나름대로 독보적인 라이센스를 가지는 것이 필요합니다. 어떤 기업이 특화된 핵심기술이나 라이센스를 한두 가지 보유하고 있으면 그 기업은 자연스럽게 독점적 지위(Monopoly Position)를 유지할 수 있습니다. 요즘 같은 건설환경에서는 이러한 핵심기술이 없는 기업들은 점차 생존하기 어려울 것입니다.

박상혁 소장 H CM사도 계속해서 지속, 발전을 하려면 소프트 분야의 개발이 필요하다는 조언을 많이 듣습니다. 프로그램, 소프트웨어를 개발해서 그것을 이용하고 또 판매하면서 비용도 절감하고 기술발전도 시킬 수 있다는 견해가 있습니다.

Issue. **#3**

CM 시장

이현수 교수 이 책의 3장 CM시장 부문에서는 국내와 해외시장의 현황을 분석하고, 이를 바탕으로 미래 시장을 전망해 보면서 어떻게 새로운 시장을 만들어갈 수 있는가에 대해 제 생각을 제시해 보았습니다. 시장은 일반적으로 지역 및 사업과 상당히 밀접한 관계를 갖고 있습니다. 그동안 지역 다변화와 사업 다각화의 필요성에 대해서는 꾸준히 거론되어 왔습니다. 이와 관련하여 건설관리학회와 CM협회에서 국토교통부의 지원을 받아 함께 수행하고 있는 '동남아시아 지역 CM제도 공급' 연구를 소개할까 합니다. 우리나라의 CM제도가 완벽한 것은 아니지만 기술이전을 희망하는 동남아시아의 여러 신흥 개발국에 전파하여 해당 국가의 건설산업 부흥과 경제발전을 도모한다는 취지에서 시작된 연구입니다. 이러한 경제발전 과정에서 새로운 건설프로젝트가 발주되면 조금은 유리한 입장에서 경쟁입찰에 참여할 수 있으므로 우리나라 CM기업들의 해외진출에 도움이 될 수 있을 것으로 생각됩니다.

이 외에도 '제안형 시장'을 고려할 수 있는데 이는 설득을 통해서 발주처에게 새로운 수요를 인지시켜서 창출하는 시장을 의미합니다. 예를 들어 국내 어느 한 기업에서 우리나라의 헬스케어기술을 기반으로 추진되는 병원 프로젝트에 병원건물만 시공하는 것이 아니라 헬스케어에 관련된 능력 있는 의사들의 영입이나 병원의 운영관리에 대한 기술제공도 제안했다고 합니다. 병원의 다양한 기능 중에 성형이나 헬스케어와 같은 서비스는 실제로 아파서 병원을 찾기 보다는 휴양의 개념이 강하고 가족이 함께 와서 머물 수 있기 때문에 호텔이나 쇼핑센터 등을 포함하는 프로그램형 프로젝트를 제안할 수도 있을 것입니다. 이와 같이 적극적이고 공격적인 마케팅을 시도한다면 우리나라의 신도시 사례를 발전시켜 스마트시티 같은 엄청난 시장도 만들어낼 수 있을 것으로 생각됩니다.

김한수 교수 과거에는 CM기업들이 대부분 공공 CM시장 안에서 먹고 사는데 관심이 많았습니다. 가장 큰 이유는 그 시장이 우선적으로 접근 가능했기 때문입니다. 기존의 감리 역량과 실적으로 공공 CM시장에 접근하는 것이 비교적 가능했다는 의미입니다. 그런데 최근 민간 CM시장 진출이 중요한 사안이 되어가고 있는데, 이는 CM시장을 확대시키려는 CM기업들의 노력과 전략이라고 보입니다. CM기업들이 CM제도에 관해 많은 이야기를 하지만, 사실 민간 CM시장은 CM제도에 큰 영향을 받는 시장은 아닙니다. 따라서 국내 CM시장의 성장 잠재력은 충분히 있다고 보고 있습니다. 특히 향후에는 민간 CM발주자들을 만족시키기 위해 어떤 준비를 하느냐가 CM기업에게는 매우 중요한 과제라고 봅니다.

이복남 교수 기업들의 노력이 시장의 성장을 지배한다면 그것은 만들어진 시장이 아니라 시장을 만들어가야 한다는 의미입니다. 애초부터 CM 시장이 있었던 것이 아닙니다. 발주자가 알고 있는 한 가지는 '무엇이 필요한 가'입니다. 그런데 '어떻게, 왜 해야 되는지'를 모르고 있습니다. 이것을 가시적으로 보여줄 수 있는 것이 기업의 역량입니다. 유감스럽게도 우리나라 기업들은 이 부분이 미흡합니다. 발주자 니즈를 만족 시켜주기 위하여 보여줄 만한 가시적인 자료나 시스템이 없습니다. 이것도 일종에 '인프라'라고 할 수 있는데 외국기업, 주로 리딩 기업을 보면 항상 그들만의 Historical Data를 가지고 있습니다. 자신들이 수행했던 프로젝트와 그 외 프로젝트의 실제 사례를 잘 모아서 비교해 주면 발주자를 충분히 설득할 수 있습니다.

제안서 역량도 중요한 요소입니다. 종종 해외사업에서 수주가 확실한 것처럼 보였던 프로젝트에서 떨어지는 경우가 있습니다. 가격 때문에 떨어졌다고 하는데 입찰안내서와 제안서를 보는 순간 승부가 결정되는 경우가 많습니다. 왜냐하면 발주자가 요구했던 것은 너무나 명백한데 우리 기업에서는 어떻게 하겠다는 제안이 없기 때문입니다. 수요자 입장에서 제안하는 능력이 필요한데 그와는 전혀 무관하게 제안서를 짜깁기하고 보여주니까 유감스럽게도 그것을 평가하는 기관은 기회를 줄 수가 없게 됩니다.

해외 발주자와 우리나라 발주자의 가장 큰 차이는 자신의 능력 여부를 판단하는 데 있습니다. 해외발주자의 경우, 자신의 능력이 부족 할 때 아웃소싱을 하고 그 대상과 서로 협의, 조정하면서 문제를 해결해 갑니다. 그러나 우리의 경우, 제도에서 표준계약서, 계약조건, 업무 범위까지 모두 다 규정해 놓으니 획일적이고 변별력이라는 것 자체가 필요가 없게 됩니다. 그래서 결국 이런 식으로는 만들어진 시장에서는 제대로 된 경쟁이 되지 않습니다. 발주자를 설득할 수 있는 툴이 없이, 가격으로만 결정되는 것이 우리나라의 실정입니다. 참 답답한 노릇입니다.

김한수 교수 CM시장이 커지려면 CM회사에게 돌아가는 대가 문제를 빼놓을 수 없습니다. 공공 CM사업과 민간 CM사업의 가격 결정구조는 다소 다릅니다. 공공 CM사업은 적격심사를 통해 가격이 결정되는 구조이지만, 민간 CM사업은 많은 경우 최저가낙찰을 통해 가격이 결정됩니다. 간혹 민간 발주자들의 이야기를 들어보면 비록 최저가를 유도하기는 했지만 막상 제출된 가격대를 보면 놀라는 경우가 있다고 합니다. CM의 효과를 듣고 나름대로 CM 예산을 확보해 놓았는데 실제로 제안된 가격을 보면 너무 낮은 가격에 들어온다는 것입니다. 그러나 발주업무 담당자 입장에서는 낮은 입찰가가 있는데 높은 입찰가를 선택할 수는 없는 입장입니다. CM기업들은 민간 CM사업에서 저가수주가 횡행하고 있고 이 문제가 심각하다는 이야기를 하고 있습니다.

김예상 교수 기업들이 받을 만큼 '못' 받는 것일까요? 아니면 '안' 받는 것일까요? 미치 쳇바퀴 같은 것인데 이것을 깰 수 있는 뭔가가 없는 이상, 공공이든 민간이든 가격경쟁이라는 테두리에서 벗어나기가 상당히 힘들 것입니다.

이복남 교수 기업들이 자신이 없어서 그런 것이 아닐까요. 100원에 해당하는 주문서비스에 100원 이상 가치의 서비스를 공급 할 자신이 없어서 이런 현상이 발생하는 게 아닌지요. 발주자의 눈높이를 넘어 설 수 있는 서비스 역량이나 전략 부족에서 나오는 현상이라 생각됩니다.

김한수 교수 저는 자신감 문제라기보다는 일단은 수주를 하고 어떻게든 그 가격에 맞는 인력을 투입하는 선택을 한다고 보고 있습니다. 이런 상황이라면 고급 인력을 확보하거나 투입하기는 어려울 것이고 양질의 CM서비스나 역량 향상은 요원한 얘기가 될 것입니다.

이현수 교수 우리나라 경제가 급성장하면서 보이지 않게 불합리한 제도와 관행들이 생겨났는데 그 중 사회전체에 만연한 불공정거래가 가장 큰 문제인 것 같습니다. 건설산업도 예외는 아니지요. 정부차원에서 입낙찰제도를 개선하는 것도 중요하지만 우리 기업도 저가수주와 담합을 하지 않도록 자정하는 노력을 보여주어야 하겠습니다. 우리가 건설프로젝트에 CM기술을 적용하면서도 많은 부분에서 원칙을 잘 따르지 않거나 기본을 모르는 경우가 많습니다. 예를 들면 프로젝트의 견적담당자들이 견적의 원칙을 제대로 파악하고 비용산정을 하는지 모르겠습니다. 공정거래가 이루어지는 선진국의 경우에는 간접비에 해당하는 금액을 대상으로 가격경쟁을 하므로 입찰전략(Bidding Strategy)을 수립할 수 있습니다. 입찰전략은 통계적 기법을 활용하는 입찰이론(Bidding Theory)에 근거하여 수립되므로 자연스럽게 이 분야의 연구가 필요하게 되었지요. 그러나 우리는 이러한 경쟁시스템에 익숙하지 않아서 입찰전략이나 입찰이론에 대한 연구자체가 미흡한 실정입니다.

CM기업이 새로운 시장에서 생존하려면 경쟁력을 갖춰야 한다는 논의를 했었는데 CM시장은 아무래도 건설시장과 맞물려서 갈 것이므로 전체 건설시장에서 CM시장의 비중을 키워나갈 방안을 모색해야 할 것 같습니다. 현재 CM시장이 전체 건설시장에 대비하여 매우 작기 때문에 커질 가능성이 있다는 의견에는 동의합니다. 하지만 결국 건설시장이 커져야만 미래의 CM시장도 커진다는 전제가 더 설득력이 있습니다. 그러면 어떻게 건설시장을 키우느냐가 문제인데, 선진국이 될수록 국가 경제에서 건설산업이 차지하는 비중이 점차 줄어드는 것은 자명한 사실이므로 한정된 정부예산에서 건설산업의 몫을 확보하는 것이 점점 더 어려워질 것입니다. 여기서 다른 산업 속에 들어가서 보이지 않는 건설 프로젝트를 발굴하는 개념이 필요하다고 생각합니다. 예를 들면 국방, 교육, 보건복지 등의 분야에서 건설과 융합된 사업을 만들어내는 것입니다.

김예상 교수 저도 그 말씀에 절대적으로 찬성합니다. 저도 종종 '건설을 건설이라고 부르지 말라'라는 얘기를 합니다. 건설이라는 프레임에 갇히는 순간, 속된 말로 삽질하는 산업으로 변질되어 버립니다. 그런 의미에서 CM시장을 키우려면 우선 건설을 보다 큰 그림으로 그려 줄 수 있는, 건설 그자체가 아니라 그 사업이 사회 경제적으로 얼마나 큰 효과를 가져다 줄 수 있는 가를 설명할 수 있는 기능이 필요합니다. 그리고 그런 사업을 리딩할 수 있는 역할을 CM과 연계시키려면 거기에 걸맞은 스타도 필요할 것 같습니다. 동대문 디자인 플라자(DDP)의 예를 들어보면, 그 기이한 형태의 대형 구조물이 건축공사에서 끝나는 것이 아니라, 이제는 서울의 모뉴먼트로 인식되고 있습니다. '건축공사'라는 꼬리표를 떼어낸 것이지요. 그런데 그 사업의 스타는 사업을 시작한 시장이나 설계를 담당한 건축가 자하디드(Zaha Hadid) 정도입니다. 시민들은 CM의 존재조차 모릅니다. 그래서 CM도 스타가 필요하다는 것입니다.

반면, 자발적인 시장논리에 의해서 CM시장이 커질 것인가는 매우 회의적입니다. 아까 해외시장 말씀도 하셨는데 저는 솔직히 CM협회에서 하고 있는 우리 CM모델의 수출에 대하여 좀 시니컬한 입장입니다. 그것은 결국 우리나라에 있던 우물을 외국에 다시 만들어놓고 그 속에 들어가서 우리끼리 싸우는 결과가 초래될까봐 우려됩니다. 좀 더 큰 무엇을 만들려면 새로운 모티브가 필요하다는 생각입니다.

이현수 교수 저도 처음에는 그런 부분이 우려가 되었습니다. 그래서 프로젝트 단계별 CM의 역할, 기능, 책임 등을 매뉴얼로 정리하여 제공하되, 해당 국가의 특성에 따라 우리나라가 진출하는데 유리한 내용을 어떻게 반영할 것인가를 고민하고 있습니다. 무엇보다도 캄보디아나 미얀마에서는 우리나라의 건설관련 정책이나 제도에 관심이 매우 높습니다. 주변에 지리적으로 가까운 싱가포르도 있지만 한국의 경제발전과 성장 비결을 알고 싶어 한다는 점에서 호의적입니다. 우리나라 CM기업이 시범사업에 참여하고 있는데 그 결과에 따라 CM제도 수출의 가능성을 확인할 수 있을 것입니다 물론 우리나라의 현행 CM제도 자체에도 불합리한 부분이 있으므로 그대로 제공하면 안 되겠지요.

김예상 교수 이러한 방식이 우리나라 업체의 역량 제고에도 좋은 방법이라고 생각하시나요?

이현수 교수 우리나라 CM기업이 해외에 진출하기 쉽지 않은 상황에서 이런 연구용역을 통해 우호적인 관계를 맺고 시장을 선점한다는데 의미가 있다고 봅니다. 캄보디아의 경우는 다국적 기업들이 들어와서 각축전을 벌이고 있는데 우리에게 익숙한 CM제도나 매뉴얼이 활용된다면 경쟁에서 유리할 수 있으며, 결국 CM기업의 글로벌 역량 향상에도 도움이 될 것으로 생각합니다. 그런데 안타까운 것은 이것이 정부지원과제 임에도 불구하고 정부의 관심이 크지 않다는 것입니다.

이복남 교수 우리가 초기에 미얀마, 캄보디아, 베트남 등에 시장을 만들었을 때 그 접근 방식이 우리 눈높이에 맞췄다는 점과 정부의 도움을 많이 못 받았다는데에 문제가 있었습니다. 외국의 법제도는 소득수준과 맞물려 흡수가능한 눈높이가 있습니다. 예전에 미얀마에서 도로 계획을 해달라는 요청에 한국도로공사에서 설계안을 제시하였지만 그들의 관점에서 볼 때는 공사비가 말도 안 되게 높은 수준이었고, 결국 받아들여지지 못했습니다. 해외 사업의 경우 거시적 관점으로 보고 단계별로 개발이 되어야 합니다. CM제도의 수출도 이런 부분에 유의해야 할 것입니다. 우리 정부의 지속적인 지원은 두말할 것도 없습니다.

박상혁 소장 앞서 다른 사업 속에서 건설의 역할을 발굴해야 한다고 말씀해주셨는데요, 친환경 시장이 커진다, IoT시장이 커진다, 3D 프린트 시장이 커진다 등의 환경 변화 속에서 건설과 CM의 부분이 얼마나 될지도 연구해 봐야 할 것 같습니다. 이와 관련된 미래의 CM시장은 우리가 가지고 있는 고정관념의 CM은 아니겠지요. 또 CM의 미래를 이야기하면서 CM시장이라는 표현을 쓰긴 했지만 이것은 건설시장을 의미하는 것이고, 관리시장은 어떻게 커질지를 예측해보는 것도 필요합니다. 우리가 하는 것이 단순한 건설이나 시공차원에서의 CM이 아니고 건설사업의 전반적인 매니지먼트임을 인식해야겠습니다.

이현수 교수 프로젝트의 Value chain을 보면 프로젝트 이전 단계에 해당하는 시장도 큰 기회가 될 수 있습니다. 그런 점에서 기업 스스로도 건설시장의 일부를 CM시장으로 만드는 것도 중요하지 않을까 생각합니다. 예를 들면, 프로젝트의 시행사는 건설기업보다 더 큰 수익을 얻는데, 시행에 대한 아이디어는 CM 전문가들이 제공해주는 경우가 많습니다. 이러한 부분을 CM기업에서 직접 수행하는 방법도 고려할 수 있겠습니다.

이복남 교수 CM시장 중에 가장 큰 시장이라면 뭐니 뭐니 해도 플래닝(planning)과 매니징(managing) 분야입니다. 이것은 건설관련 회사만을 얘기하는 것이 아니라 사업을 추진하는 모든 유형의 기업에게도 해당됩니다. 기업들이 인재가 없다고 하는데 조직도 상에 어떤 포지션에 사람이 부족하냐고 물으면 전부다 위에 있는 사람들, 즉 옆을 보고 앞을 보는 사람이 필요하다고 합니다. 조직의 하부에 있는 사람들, 즉 자기 책상만 보는 기술자들이 부족한 것이 아니라 플래닝하고, 코디네이션하고, 매니징하는 사람들이 부족하다는 것입니다. 저는 이러한 시장이 이미 존재한다고 봅니다. 일반 기업들이나 CM 회사가 그것을 모르고 있을 뿐입니다.

김예상 교수 그런 차원에서 그 기능을 CM화하고, CM시장으로 만들어 가는 리더십이 아쉽습니다. 최근 외국자본이 국내에서 대규모 리조트 사업을 하려는 케이스가 있었습니다. 그런데 이 큰 규모의 프로젝트에서 우리 기업들은 우리 식의 CM방식에만 매달려 있는 것을 발견할 수 있었습니다. 더 빨리 더 싸게 시설물을 '지어주겠다'라는 접근 방식이지요. 이정도 규모의 리조트라면 라스베가스나 마카오에서처럼 발주자의 수익성 제고를 전제로 프로그램 매니지먼트 차원에서 접근할 수도 있지 않았을까 생각했습니다. CM의 역할을 스스로 제한하지 말고 배짱 있게 고부가가치의 서비스를 제시할 수 있는 CM기업이 있다면, 그것이 CM 시장의 확대로 이어질 수 있을 것입니다.

이복남 교수 그런 대규모 사업에서 거대조직이 필요하다면 또 한 가지 고려해야 할 것이 있습니다. 즉 프로젝트 운영에 필요한 절차서와 시스템 구축입니다. 그런데 우리는 이런 문화에 익숙하지가 않습니다. 인천공항 프로젝트의 경우에도 1단계 때 만들었던 절차서와 시스템이 모두 폐기 처분되었다고 합니다. 그래서 지금 무엇으로 일하냐 했더니 정부의 내규 지침서에 따라 일한다고 합니다.

이현수 교수 민간기업도 마찬가지 입니다. 국내 한 일류 건설사의 경우에도 공사를 그렇게 많이 했는데 축적된 자료보다 기억력에 의존하여 프로젝트를 수행하고 있었습니다. 이런 얘기를 들으면 CM이라는 개념이 애초에 우리 문화에 맞지 않았던 건 아닌가 하는 생각까지 들 정도입니다. 계속 강조되는 것이 계획(Planning)인데 우리는 기본적으로 계획 자체를 싫어하는 성향이 있습니다. CM 분야에서 잘 알려진 Constructability, Lean construction 등은 기획이나 설계단계에서부터 계획을 철저히 하여 시공성능을 향상시키는 방법을 의미합니다. 얼마 전 우리나라에서 개최된 국제CM학술대회(ICCEPM)에서 미국 텍사스 대학의 저명한 원로교수가 기조강연에서 강조한 FEP(Front-End Planning)이란 말이 매우 인상적이었습니다. Planning 중에 더 중요한 Planning이 있는데 그것이 FEP라는 것입니다.

김한수 교수 이야기를 나누다보니 CM기업이 기존 CM시장을 넘어 다양하고 확장된 시장으로 진출하자는 논의가 되는 것 같습니다. 상당히 중요한 현안입니다. 다만 현재 우리 CM기업이 처한 현실과는 격차가 너무 크게 느껴집니다. 단기적으로는 가장 전통적이고 근본적인 역량을 바탕으로 CM시장을 개척하고, 중장기적으로 보다 확대되고 진보된 CM시장으로 진입하는 것이 바람직하다고 생각합니다. 갑자기 CM시장의 단계를 뛰어 넘을 수 있다고는 생각하지 않습니다.

이현수 교수 플래닝의 중요성에 대해 좀 더 얘기해보도록 하지요. 저는 항상 CM의 원리를 계획(Planning)과 통합(Integration)이라고 이야기해 왔는데 최근 PMI의 PMBOK을 리뷰할 기회가 있어서 자세히 살펴보니 그 원리가 대단하다는 것을 새삼 알게 되었습니다. 10개 지식영역(Knowledge Area)이 5개의 프로세스 그룹에 따라 총 46개의 프로세스를 생성하게 되는데, 두 번째 프로세스 그룹인 계획에 해당되는 프로세스가 24개로서 50% 이상을 차지하고 있었습니다. 또한 통합관리(Integration

Management)는 지식영역 중에 최상위에 위치하면서 5개 프로세스 그룹 모두에서 프로세스를 생성하고 있습니다. 즉 PMBOK에서는 계획과 통합의 개념이 가로와 세로로 엮여서 프로젝트 관리의 중요한 원리로 작동하고 있는 셈이지요.

이복남 교수 PMI가 1965년 출범할 때 5인 중 3명이 건설 베이스였습니다. 그렇게 건설이 주도적인 역할을 해오다가 국방, IT쪽이 주도권을 잡으면서부터 조금 방향이 바뀌는 듯 했습니다. 그러다가 2001년에 다시 건설 분야가 추가되어 PMBOK Construction Extension 버전이 따로 만들어 지게 되었습니다. 그 다음 2002년 혹은 2003년 즈음에 IPM에 의해서 ISO 21500이 만들어지는데 추후 그 프레임이 미국식, PMBOK 식으로 바뀌게 됩니다. 그만큼 건설에서 PMBOK의 영향력이 지대한데도 그때나 지금이나 우리는 이것을 계속 무시하고 있습니다.

김예상 교수 제가 보기에는 무시까지는 아니고 자기의 지식을 거기에 녹여서 프로젝트에 적용할 수 있는 기술자가 없는 것 같습니다. 국내에서 CM 프로젝트에 가장 책임이 있는 사람이라면 바로 CM 단장이라고 볼 수 있는데 이들 중 대부분은 건설회사에서 현장 소장하다가 물러나신 분들입니다. 이분들이 제안서를 작성할 때 내놓는 아이디어를 보면 제2의 현장소장이지 CM이 절대 아닙니다. 제안서를 쓸 때 PMBOK에 맞춰 시 문제를 풀어가고 기술제안을 하는 역량을 갖춘 사람은 아마도 거의 없지 않을까 싶습니다. 이것을 어디서부터 뜯어고쳐야 되느냐 하는 것도 사실 막막합니다.

김한수 교수 그 원인 중 하나는 아직 CM의 연륜이 짧다는 것일 겁니다. 미국과 영국에서 CM이 태동한 것이 50년~60년 전인데 그때 이미 건설의 생산방식이나 역할이 바뀌기 시작했습니다. 그 과정에서 CM 전문가가 필요했고 정착되기 시작했습니다. 그런데 우리는 이보다 늦게 그런 변화가 일어났고 이제야 전문적인 기능과 역할의 중요성과 필요성을 인식하게 되었습니다. 다만 CM 연륜이 길어진다고 반드시 전문가들이 왕성하게 등장할 것이라고 생각하지는 않습니다. 전문가들이 육성되고 활동 할 수 있는 장과 생태계가 만들어져야 가능한 일이라고 생각합니다.

이복남 교수 정부 제도를 보면 왜 법에다가 기능과 역할을 미주알고주알 다 규정하는지 모르겠습니다. 그리고 그것을 세분화해서 지침으로 넣기까지 합니다. 그래서 법과 지침이 곧 계약서가 됩니다. 거기에 다 맞춰야 하다 보니 제안자의 창의력이 있을 수가 없지요. 그리고 정부가 정책으로 가장 잘못하는 것 중 하나가 시장을 업계에 배분을 하려한다는 것입니다. 생산성의 혁신이라고 하는 것은 경쟁을 통해 이루어지는 것인데 경쟁을 무시하려고 하니 결국 변별력이 없어지고 맙니다. 그래서 계속 강조를 하지만 법과 제도는 산업을 위한 것이지 프로젝트를 위한 것이 아닙니다.

이현수 교수 CM 전문가가 없는데 CM사업을 해왔다고 한다면 우리 스스로를 너무 저평가하게 되는 것 같습니다. 우리 CM기업들 중에서도 세계 Non-US 기준 20위 안에 꾸준히 들고 있는 기업도 있으니까요. 수준의 차이는 있지만 경험을 통해서 CM 지식을 습득하기도 하고 여러 유관기관에서 전문가를 육성하려고 많은 노력도 있었습니다. 국내 3개 기관에서 민간자격인 CMP를 육성하는 교육프로그램 수료자는 6,000명이 넘습니다. 이런 역량 강화를 위한 그동안의 시도와 노력을 낮게 평가하거나 전문가 없이 CM을 해왔다고 얘기하는 것은 지양해야 할 것 같습니다. 다만, 전문가 육성을 위한 다양한 노력에도 불구하고 경쟁력 있는 전문가가 부족한 상황을 어떻게 보완해 나갈 것인가를 논의해야 할 것 같습니다.

김예상 교수 20년 동안 그렇게 교육시켜왔는데 아직까지도 CM 역량이 부족하다는 얘기를 해야 한다면 많은 반성이 있어야 할 것 같습니다. 특히 FEP쪽의 전문가들이 있어야 하는데 그런 역량과 기술자가 부족하다면 시공단계에 몰려있는 기존의 CM기능을 개선하는데 많은 노력을 집중해야 할 것입니다.

이현수 교수 CM 보다는 책임감리라는 업역이 주였기 때문에 거기에 적합한 관리행위만 해온 것이 원인이겠지요. 그러한 행위가 CM 업무라고 생각했고 결국 프로젝트의 앞단과 끝단을 관리하는 전문가가 부족하게 된 것입니다.

이복남 교수 기본적으로 매니지먼트를 누가하느냐를 떠나서 우리는 아직까지 발주자의 기능과 역할이 무엇이냐에 대한 정의를 한 번도 시도해 본적이 없었습니다. 제도상으로 CM의 역할을 발주자 기능의 전부 또는 일부라고 하는데 전부가 무엇인지를 아무도 이야기하지 않습니다. 예전에 용산미군기지 이전 사업 전략을 수립을 할 때 시설본부를 놓고 하루 8시간 중에 실제로 매니지먼트에 투입하는 시간을 분석해보니 20%가 채 안됐습니다. 행복도시 건설을 위한 행복청의 경우에도 본연의 업무가 행복도시 프로젝트에 대한 매니지먼트이어야 함에도 해당 인력의 65%가 다른 일을 합니다. 그래서 내수 시장에서 CM을 발전시키려면 발주자의 기능과 역할을 정확하게 정립을 해야 하고, 이것이 정립되면 당연히 책임도 따라오게 되니까 책임 수행을 위한 역량 수준이 어떤지 판단할 수 있을 것입니다.

Issue. **#4**

CM 제도와 정책의 역할… 그리고 마무리

박상혁 소장 마지막으로 CM 제도와 정책에 대한 얘기를 해보았으면 합니다. 국내 건설시장에서 제도와 정책이 차지하는 비중과 그 영향력은 누구도 부인할 수 없을 것입니다. 따라서 과거 20년에서 새로운 20년의 CM을 펼쳐 가려면 빠뜨릴 수 없는 주제인데요, 이미 앞서의 주제에서 제도와 정책에 대한 논의가 간간히 있었지만, 오늘의 토론을 마무리하는 차원에서 다시 짚어보도록 하겠습니다.

김한수 교수 CM정책과 제도는 제가 맡았던 주제인데, 원고를 집필하면서 제일 고심했던 것은 과연 CM제도의 올바른 방향이란 무엇인지, 그것부터 정의해보아야 한다는 것이었습니다. 결론적으로 CM 정책목표를 달성할 수 있는 CM제도가 올바른 방향이라고 보았습니다. CM 정책목표는 이미 잘 설정되어 있습니다. 다만 CM 정책목표가 지향하는 바와 실제로 현실에서 작동하는 것에 큰 격차가 있는 것이 문제였고 그것이 논의의 출발점이었습니다. 제 원고의 제목도 'CM 정책과 제도의 격차를 줄이자' 였습니다.

김예상 교수 우리나라 건설정책에서 가장 아쉬운 부분 중 하나는 정책의 지속성과 실현성입니다. 대표적인 예로 건설산업과 건설기술에 대한 정책 계획이 5년 주기로 만들어지지만, 그 내용을 들여다보면 수 십 년간 큰 차이가 없습니다. 한번 수립된 계획과 정책이 제대로 실현되었다면 또 다시 되풀이될 이유가 있을까요? 그 많은 정책들이 다 실현됐다면 우리나라 건설산업 만큼은 세계 제일이 되어있어야 하는 것 아닐까요? 여기에는 제도 정책 입안자들의 책임이 가장 크다고 생각됩니다. 주무관청의 책임자들이 수시로 바뀌니 새로 온 사람들은 다시 배워야 하고, 구체적인 성과가 만들어지기 전에 또 다시 손 털고 이동해버리니까 디테일 없는, 성과 없는 제도정책이 만들어질 수밖에 없습니다. 그러다보니 그들의 전문성도 기대하기 어려운 실정입니다. 여기에는 CM 정책도 예외일 수 없습니다.

이복남 교수 정책은 구체적이어야 하겠지만, CM과 관련된 법과 제도는 그 반대여야 합니다. 법은 최대한 가볍게 규정해야 합니다. '설계가 무엇이다, 시공이 무엇이다'라고 정의하는 법은 없음에도 유독 CM에 대해서는 그렇지 않았습니다. 법조문에 왜 CM의 기능과 역할을 기술하는 모르겠습니다. 저는 그것이 오히려 CM 발전에 장애가 된다고 생각합니다.

이현수 교수 말씀하신 것처럼 CM의 기능과 역할을 법령에 포함하고 있는 나라가 우리나라가 유일한지요?

이복남 교수 거의 그렇다고 알고 있습니다. 기능과 역할 같은 것은 사실

가이드라인에 들어가야 하는 내용이지 법조문에 들어가면 이것이 오히려 방해가 됩니다. 건설공사에 대한 보편적인 속성이 비반복 및 비복제으로 정의된다는 것은 그 만큼 개별 공사의 성격이 다르기 때문이지요. 속성이 다른 공사를 어떻게 하나의 지침서로 관리 할 수가 있을까요.

김예상 교수 설계 같은 경우도 가이드라인이나 지침은 굉장히 많지요.

이현수 교수 지침 같은 경우는 법이라기보다는 최소 요구조건(Minimum Requirement)을 의미합니다. 그런데 그것이 공공으로 가게 되는 순간 강제성을 띠게 되는 것이 문제입니다.

김한수 교수 지난 20년은 CM이 무엇인지 탐색하고 보급하는데 애를 썼던 것 같습니다. 향후 20년은 CM의 생태계를 바로잡는 것이 최우선 과제가 되어야 합니다. 이는 CM에 국한된 문제가 아니라 건설기술용역업과 건설업 전체의 현안입니다. 최근 국토교통부에서 글로벌 스탠다드와 혁신에 대한 기조를 강조하고 있는 것은 바람직한 현상입니다. 이런 기조가 동력을 잃지 않고 지속되게 하는 것이 중요합니다.

김예상 교수 CM제도의 도입부터 20년이 배움과 시행착오의 기간이었다는 것은 맞지만, 간과해서는 안 될 부분이 있습니다. 우리가 흔히 문헌적으로 얘기할 때 60년대~70년대 초에 미국에서 CM제도가 생겨났다고 합니다. 그런데 그 후 20년 더해보면 미국은 그 당시 제도적으로나 시장측면에서 CM이라는 시스템을 거의 완성했습니다. 거기에 비하면, 우리는 남이 하고 있던 것을 그대로 가지고 와서도 20년 동안 완성을 못 시켰다는 결론이 됩니다. 이런 관점에서는 오히려 더 거대한 반성이 있어야 하겠습니다.

이복남 교수 CM제도 도입 당시 건설산업기본법 보다는 국가계약법을 타겟으로 했어야 합니다. 그 이유는 처음부터 CM 용역비를 예산에 체계적으로 포함시켜야 그 효과가 크기 때문입니다. 설계나 시공은 축적된 자료와 내역으로 예산항목을 잡는데, CM은 애매한 부분이 많습니다. 미국의 경우, 발주자의 기능과 역할을 정의하고 오너 코스트(owner cost)를 산출하는데 CM이 들어와 발주자 역할을 대신해 주면 그것이 바로 CM 비용이 됩니다. 이 논리에 의하면 CM이 많은 일을 할수록 그만큼 많은 용역비를 지불해야합니다. 우리는 이런 시스템이 없다보니 CM 비용을 추가비용으로 인식하게 되고 발주자들은 행정적인 문제들로 귀찮아서 CM을 회피하게 됩니다. 제도와 정책이 대부분 시장을 만드는데 초점을 맞추고 있다는 것이 문제입니다.

김예상 교수 또 다른 고질적인 문제는 가격경쟁입니다. 우리나라 국가계약법에서 가격 경쟁을 들어내지 않는 이상 CM과 같은 기술용역의 발전에 계속 발목을 잡게 됩니다. 수주를 위해서 저가입찰을 감수해야한다는 인식은 관련법이 존재하는 한 바뀌기 어렵습니다. 기술력으로만 승부할 수 있는 체계가 도입되어야 하는데, 발주자나 업계의 인식과 정서를 볼 때 사실상 그것도 쉬운 일은 아닙니다.

이복남 교수 기술경쟁에는 투명성, 객관성이 이슈가 되는데 국내 사업에서도 이런 문제를 극복한 사례는 많습니다. 인천국제공항이 대표적인 예인데, 이 사업에서 외국 PM사를 평가하고 선정할 때는 한 번도 가격 경쟁을 시킨 적이 없습니다. 가격은 협상의 대상일 뿐입니다.

이현수 교수 제도와 관련된 문제가 발생하는 것은 우리나라 건설관련 제도가 미래 지향적인 것보다 현실 타협적, 과거 의존적이었던 부분이 많았기 때문인 것 같습니다. 어떤 사건이나 문제가 발생한 후에 우리 체질에 맞지도 않는 외부의 것을 들여와 급하게 보급하다 보니, 부작용도 생기고 시행착오도 발생합니다. 하지만 제도와 정책의 순기능도 분명히 있습니다. 지난 20년 동안 이런저런 부작용이 있었다 해도 CM을 통해 건설의 품질이 크게 향상되었고 몇몇 CM 회사는 글로벌 기업 대열에 오르는 등, 잘한 부분도 많이 있습니다.

김예상 교수 지금까지 CM 20년을 돌아다보면 많은 얘기를 나누었습니다. 여기 모이신 분들이 CM 전문가이시고 CM에 대한 사랑이 크다보니 좋은 얘기보다는 문제점과 개선할 부분들에 대한 논의가 더 많았던 것 같습니다. 결론적으로 앞으로의 CM 20년을 비관적이거나 부정적으로 볼 필요는 없습니다. 우리 기술자 개개인의 역량은 세계 어디에 내놓아도 손색이 없고, 열정만큼은 세계 제일이라 자부할 수 있습니다. 또 오늘처럼 CM 전반에 대한 분석과 반성이 지속적으로 이어진다면 비록 속도는 느리더라도 앞으로 향해 전진해갈 것임에 틀림없습니다. 아무쪼록 오늘의 논의가 그저 CM에 대한 비판에 그치지 않고, CM이 발전해 가는데 좋은 밑거름이 됐으면 하는 바람입니다.

SUPPLEMENT

부 록

CM산업
설문결과

설문 응답자 일반사항

설문기간

2016

8.17-
8.24

설문기관

한국건설관리학회
한국CM협회

설문 응답자

295명

소속(분야)

산업계	학계	발주기관	기타
81%	11%	7%	1%

경력(연차)

30년 이상	27%
21~30년	39%
11~20년	22%
1~10년	8%

Q1 국내 CM기업 역량의 과거와 현재를 비교하면 어떻습니까?

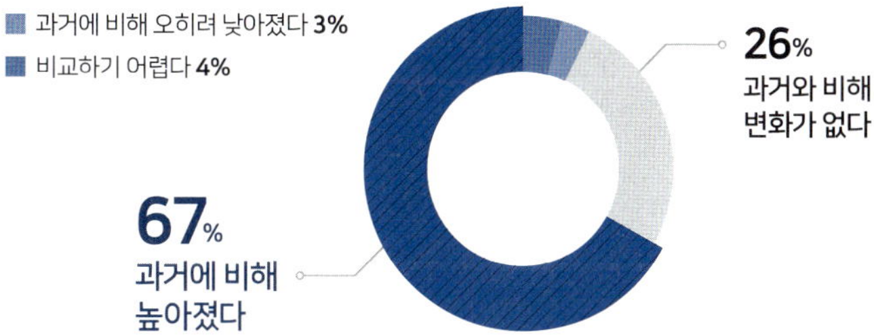

Q2 국내 CM기업의 국내외 시장에서의 역량을 비교하면 어떻습니까?

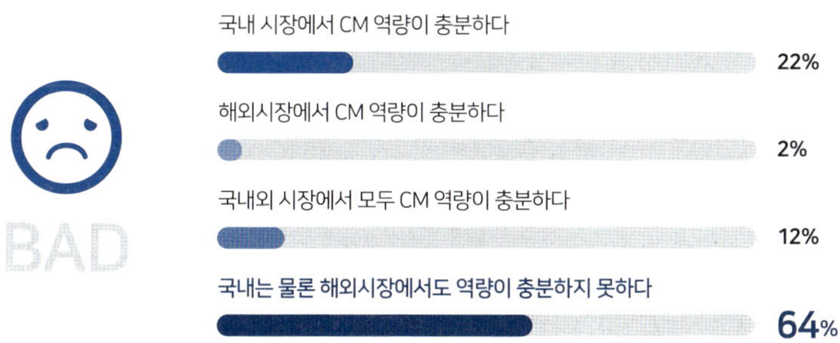

Q3 글로벌 CM기업과 국내 CM기업의 역량을 비교하면 어떻습니까?

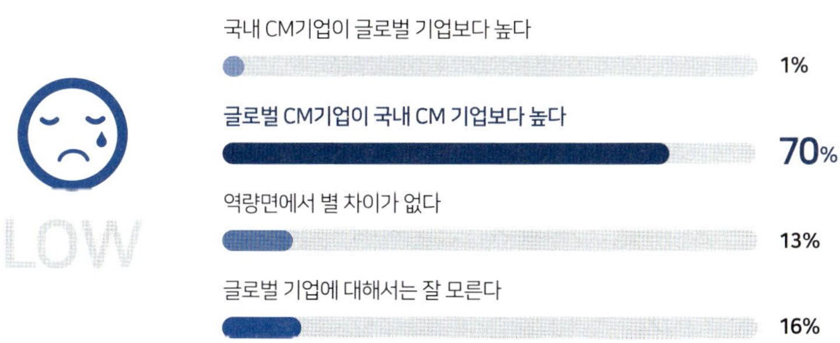

Q4 국내 CM 시장 활성화를 위해 가장 필요한 부문은?

Q5 CM기업의 역량이 강화되어야 할 부문은?

(복수응답)

- 체계적인 시스템(절차서 및 프로그램 개발 등) 58%
- 인력의 역량 개발 58%
- 사업 수행 전략 및 계획 수립 역량 42%
- 공정 및 원가관리 역량 24%
- 사업정보관리시스템 및 문서관리 11%

Q6 해외 CM시장 진출에 요구되는 기술역량은?

(복수응답)

- 진출 대상국에 대한 양질의 정보 49%
- 조직의 인적 역량 45%
- 풍부한 해외사업 경험 35%
- 해외 기업들간의 네트워크 23%
- 진출 대상국에 대한 다량의 정보 18%
- 해외 영업 역량 15%

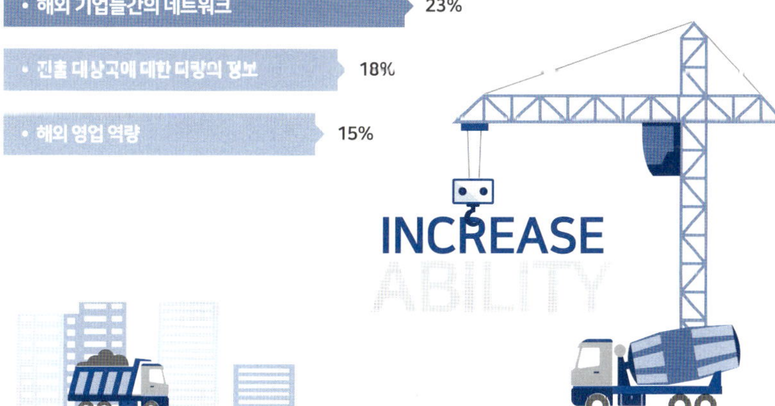

Q7 국내 시행 사업 중 CM 시장 창출 가능성이 가장 큰 사업은? (복수응답)

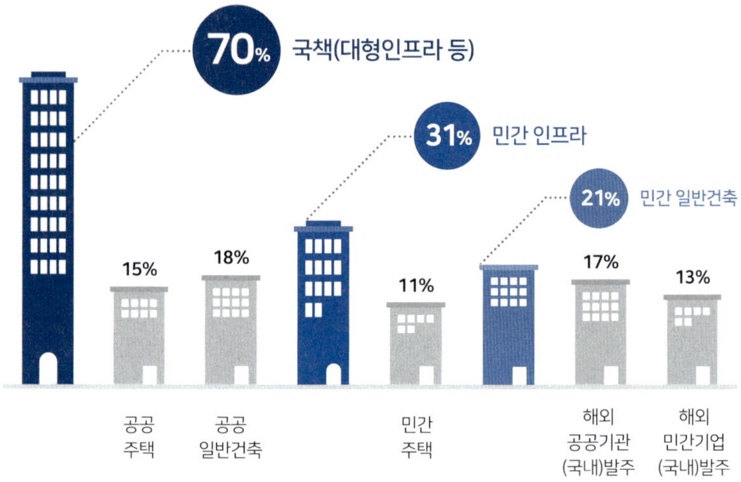

Q8 해외 시행 사업 중 CM 시장 창출 가능성이 가장 큰 사업은? (복수응답)

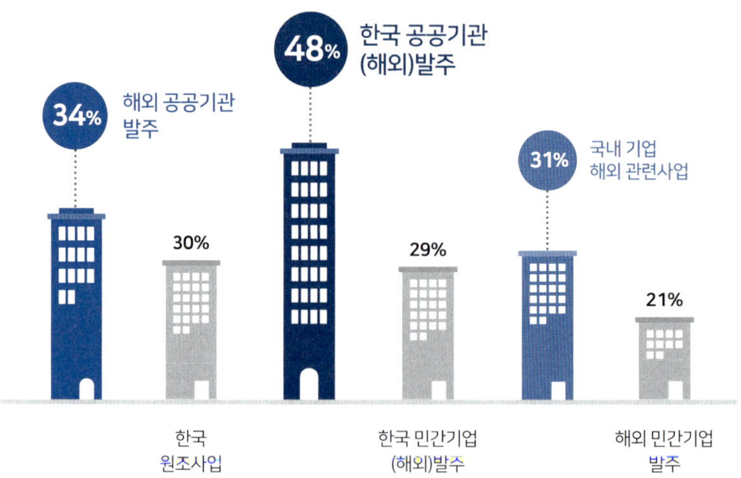

Q9 해외 프로젝트 수주의 주된 경로는?

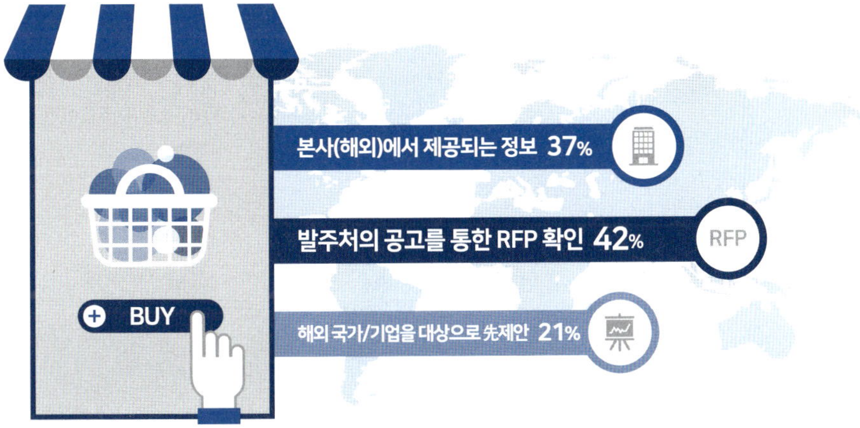

Q10 해외 CM시장에서 진출국, 기업 대상으로 사업을 先제안 할 수 있나?

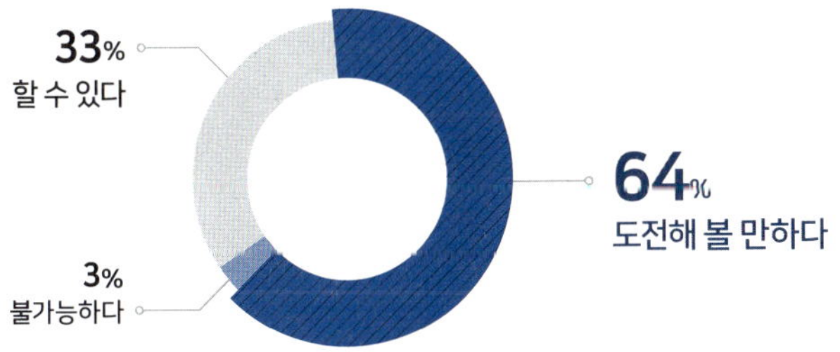

불가능하다면 그 이유는?

- 해당국 마다 제안제도 다양, 제안시 경제성 확보 불안
- 투자 및 자금 기획력의 국내CM기업의 구조적인 불능
- 전반적인 Financing의 확실한 담보 불투명
- CM 인력의 수준이 아직 선진국의 CM 인력의 수준에 미치지 못하고 있음
- 진출국에 대한 건설 사업 수행 시스템 상이
- 해외에서(성보가 세안적인) 사업을 제안한다는 것은 리스크가 큼

Q11 해외 CM시장 진출할 경우 국가적 차원에서의 지원이 필요한가?

YES 81%

NO 19%

필요하다면 그 방법은?

17% 기 타

- 전문가의 역량 향상 및 OJT 교육 지원
- 기업의 신인도 부족에 대한 극복방안
- RISK 완화를 위한 국가적 차원에서 지원정책
- 협회나 단체를 통해 상대국과 기술협력
- 해외 공공기관과의 연계를 통한 사업발굴

21% 외교지원

- 문화적, 사회적 등 지속적인 우호 관계
- 해당국의 부당한 대우로 이한 피해 사전 협약 선행 요구
- 외교적 마찰 등의 국가간 리스크를 국가에서 노력
- 발주처 고위직 공무원과의 네트워크 후원
- 경쟁력 강화를 위한 국가 보증

31% 정보지원

- 다국적CM사의능력 및 관련정보 제공 등
- 해외의 건설법령에 관한 정보
- 체계적인 수행절차 및 매뉴얼에 대한 연구
- 해외건설협회, 해외공관 등을 통한 정보제공
- 언어, 광범위한 그 나라 문화, 그 나라에 맞는 기술력 등, 거시적 통계 정보

15% 정책지원

- 보증서 발급 및 파이낸싱 지원 및 본국송금 절차지원
- 안정적인 정책 및 활동역량 강화 방안제시
- 기술인력관리 및 기술력 확보를 위한 제도의 개선
- 해외 시장 진출 정책 진흥 촉진 권장
- 한국이 재원조달시 한국 CM 고용 정책

15% 금융지원

- 제안사업의 콘소시엄 구성 및 파이낸싱 지원
- 사업초기 자금지원
- 국가정책지원금을 토대로 한 자본지원
- 해외사업 보증 및 공공기관의 투자참여
- 세제해택, 금융지원

Q12 해외 CM시장 진출 시 애로사항은?

(복수응답)

- 61% 업무 내용에 대한 국가별 표준의 차이
- 45% 국가 간 CM 및 업무에 대한 인식의 차이
- 31% 언어(의사소통) 문제
- 29% 해당 국가에 대한 전반적 정보 부족
- 14% 발주처의 CM에 대한 인식의 차이
- 14% 업무의 범위의 모호

Q13 CM시장에 대한 시장규모는 어떻게 예측하는가?

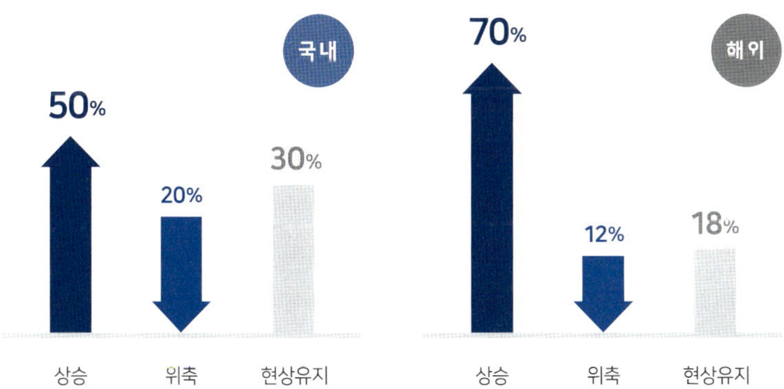

현재 국토교통부 연구과제를 통해 '개발도상국 대상 CM제도 개선'을 진행하고 있다. 이는 대상국과의 '상생 전략'에 기반하여 개발도상국을 중심으로 건설산업 기반구축을 '한국친화형'으로 지원하고, 이는 결국 국내 기업이 해당 국가에 진출함에 있어 용이성을 확보할 수 있다는 전략을 포함하고 있다.

Q14 이 시도가 CM 업체의 개발도상국 진출에 효과가 있을 것이라 생각하는가?

YES 88%

NO 12%

실질적인 도움을 위한 고려사항

18% CM제도 정착활동

- 선진화된 국내CM제도와 시행방안 등 수립
- 국가 간 CM및 업무 전반에 대한 인식의 차이 개선
- 국내 CM에 대한 정의 명확화 및 국제 CM의 프로세스반영
- 선진국형 "체계적인 수행절차 및 매뉴얼"에 대한 사항 제공

20% 각종 정보제공

- 개발 도상국의 건설관련 제도 및 시스템에 대한 체계적인 정보 제공
- 개발도상국(발주처)의 CM제도 분석 및 건설산업에 대한 이해
- 개발도상국의 정치/문화적 환경 정보
- 해당국가 건설분야 체계에 적합한 정보
- 대상국가의 건설시장의 동향 정보

37% 기 타

- 개발도상국 시장에 대한 파악과 현지 특수성 파악
- 기업간 실질적 협업의 가능성
- 설계기준, 코드 등 범 아시아적으로 통용되는 아시안 코드 정립
- CM업체 스스로의 역량강화
- 개도국의 정치적 상황 및 재정적 상황검토
- CM전문 요소기술 수행능력 제고

14% 인적자원개발

- 인력의 고급양질화
- CM 요원의 진출국언어, 문화숙달
- 해당국가 건설사업 관리를 위해 해당국 경험자의 확보
- 해당국 공무원의 한국 CM교육과 연수
- 해당국 청년기술자들의 국내 연수

12% 정부의 역할

- CM업역에 대한 국가간 협약 및 기술자격 상호 인정협정
- 정부의 적극적인 지원
- 해당국과의 관계 개선 및 우리나라에 대한 의식 제고
- 각 개도국들마다 필요한 원조와 상생전략
- 대상국과의 관계유지

Q15 각 CM정책목표가 CM제도를 통해 달성되었다고 생각하는가?

건설사업 전(全)단계에 걸친 전문적 관리구현

전혀 달성되지 않았다	7%
달성되지 않은 편이다	46%
중립의견	28%
달성된 편이다	18%
매우 잘 달성되었다	0%

건설사업관리 기술력 제고

전혀 달성되지 않았다	3%
달성되지 않은 편이다	30%
중립의견	33%
달성된 편이다	33%
매우 잘 달성되었다	1%

건설 소프트기술의 국제경쟁력 강화

전혀 달성되지 않았다	7%
달성되지 않은 편이다	37%
중립의견	39%
달성된 편이다	17%
매우 잘 달성되었다	1%

건설사업 발주체계의 글로벌화

전혀 달성되지 않았다	11%
달성되지 않은 편이다	39%
중립의견	38%
달성된 편이다	12%
매우 잘 달성되었다	0%

공공 건설사업 효율화

전혀 달성되지 않았다	7%
달성되지 않은 편이다	32%
중립의견	38%
달성된 편이다	22%
매우 잘 달성되었다	0%